有趣的化学基础百科

碳化学

CARBON CHEMISTRY

[美] 克丽丝塔 · 韦斯特　著
陈　楠　译

上海科学技术文献出版社
Shanghai Scientific and Technological Literature Press

图书在版编目（CIP）数据

碳化学 /（美）克丽丝塔•韦斯特著；陈楠译．—上海：上海科学技术文献出版社，2024

ISBN 978-7-5439-8995-5

Ⅰ．①碳… Ⅱ．①克…②陈… Ⅲ．①碳—化学—青少年读物 Ⅳ．① O62-49

中国国家版本馆 CIP 数据核字（2024）第 014169 号

图字：09-2020-499

选题策划：张　树
责任编辑：苏密娅　姚紫薇
封面设计：留白文化

碳化学
TAN HUAXUE
[美]克丽丝塔・韦斯特　著　陈　楠　译
出版发行：上海科学技术文献出版社
地　　址：上海市长乐路 746 号
邮政编码：200040
经　　销：全国新华书店
印　　刷：商务印书馆上海印刷有限公司
开　　本：650mm×900mm　1/16
印　　张：7.75
版　　次：2024 年 2 月第 1 版　2024 年 2 月第 1 次印刷
书　　号：ISBN 978-7-5439-8995-5
定　　价：38.00 元
http://www.sstlp.com

目　录

碳化学导论

碳是我们每天都会接触的物质。石墨是一种纯碳，是铅笔中的“铅”(lead)。金刚石是碳物质，木炭也是碳的一种。一些硬煤的含碳量高达98%。碳存在于所有的生物中。例如，森林几乎完全由含碳化合物构成；碳和碳化合物是工业产品中广泛使用的原料；许多塑料、洗涤剂、食品和药物都由含碳化合物制成。

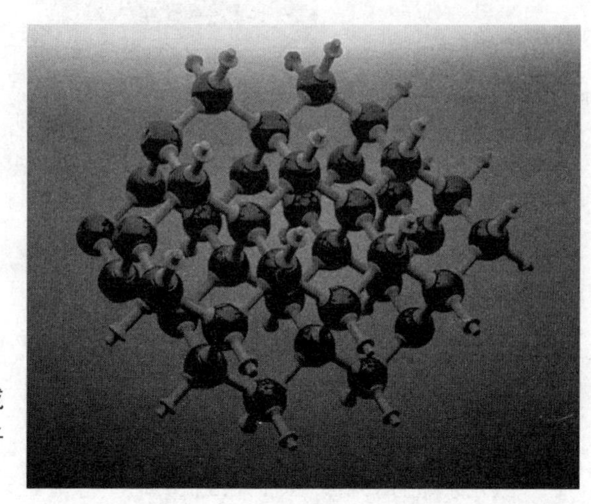

图1.1 由排列成晶体结构的碳原子构成的金刚石

我们用以燃烧发电的石油、煤炭和天然气主要由碳构成。近年来，我们对这些燃料的依赖造成了经济问题，更重要的是，这种依赖也加剧了全球变暖。现在大多数科学家认为，燃烧碳基燃料已增加了大气中二氧化碳的浓度，而这反过来导致了地表温度的上升。北极和南极冰体在以空前的速度融化，世界许多地区的冰川逐渐消退或消失，这些都是全球变暖的迹象。

碳化学又称有机化学，最初是对从生物中获得的化合物的研究。人们曾认为，只有生物具备合成这些化学物质的必要条件。相对而言，无机化学是研究岩石、矿物以及由二者得到的各种气体和化合物的科学。1828年德国化学家弗里德里希·维勒（Friedrich Wöhler）在实验室合成尿素，证实了此前对有机化学和无机化学的区分并不准确。此前，尿素只能从生物中获得。现在人们知晓，生物产生的物质和实验室合成的同种物质实际上完全相同。

碳的使用历史

早在约80万年前，当人类的祖先首次使用火时，对碳燃料的利用也随之开始了。火的使用成为人类最早的技术之一。例如，烹煮食物的能力意味着人类可以扩大可食用物的范围。而熟食的好处人们可能已从在野火中死去的动植物被“煮熟的”遗骸中得到印证。除了用于烹煮食物之外，火还提供光和热，保护人类免受野生动物的伤害。

表1.1　碳和人类的简史

年代	重要史实
史前	穴居人学会生火和使用火（大约80万年前）。
公元前3750年	已知最早使用碳的是古埃及人。木炭被用来制造青铜和作为家庭用火的无烟燃料。
公元前1500年	古埃及人用木炭来吸收伤口产生的气味。
公元前450年	腓尼基人用木炭储存饮用水；印度教徒用木炭过滤饮用水。
公元157年	罗马人记录了超过500种使用碳的医疗方法。

（续表）

年代	重要史实
13世纪	在欧洲，小煤矿开始运营。
16世纪	欧洲人探索世界，主要是为了寻找新的碳资源（食物、毛皮、木材等）。
18世纪	随着工业革命的开展和蒸汽引擎的发明，欧洲开始广泛使用碳（化石燃料）作为能源。
1785年	首次正式认识到木炭对气味和颜色的吸附作用。
1812年	英国化学家汉弗莱·戴维（Humphry Davy）爵士鉴定出煤炭和钻石由碳元素构成。
1854年	伦敦使用木炭过滤器来去除城市下水道中的气味和过滤气体。
1869年	俄国化学家德米特里·门捷列夫（Dmitri Mendeleyev）将碳列入元素周期表。
1882年	美国第一座燃煤发电厂建成，为纽约市提供电力。
1901年	活性炭开始被商业化开发，用于过滤器和过滤工序。
20世纪40年代	石油化工行业（如塑料等碳基合成材料的制造商）开始蓬勃发展。
20世纪50年代	一些能源消耗者开始用天然气代替煤炭来生产能源。
21世纪	大气中过量的二氧化碳和其他温室气体引起全球变暖，这成为了一个重大的国际政治问题。
2002年	全球生产了50亿吨煤炭；这些煤炭主要用于发电。

注：此时间轴并未意图涵盖人类和碳的完整历史，而仅是碳与人类历史上一些重大事件的摘要。

木炭、煤炭和焦炭

人类制造和使用木炭已有约6 000年的历史。木炭是在无氧（无空气）环境下加热木头制成的。在青铜和铁器时代，冶金中使用木炭是制造青铜和铁的必要技术。在青铜时代，木炭被用于生产纯铜，纯铜与锡结合制成青铜。钢由含约2%碳的铁制成。

早在13世纪，欧洲就有小型煤矿在开采煤炭。到了18世纪，制造金属制品对木炭的需求量很大。18世纪中叶，人们依靠木头和煤炭来驱动蒸汽机，这导致英国和欧洲大陆的许多森林被砍伐殆尽，造成了木材短缺。焦炭是一种煤炭加热后得到的燃料，它产生的烟雾很少，甚至不产生烟雾。相较于煤炭燃烧时会产生大量有害烟雾，使用焦炭比煤炭更有益处。焦炭能够在金属生产中取代木炭这一发现，导致了木炭工业的衰落。

蒸汽机的发明是碳燃料机器改变世界的最好例证。蒸汽机发明于18世纪初，它用火来加热水，从而产生蒸汽，推动发动机中的活塞。蒸汽机有众多用途，如抽水、为汽船和火车提供动力。蒸汽机推动了18世纪早期的工业革命。在这段时期，以煤炭为主的碳基燃料的使用量激增。

今天，煤炭在世界各地的发电厂中得到广泛应用，燃煤发电厂造成了巨大的空气污染。近年来，世界各地区二氧化碳排放量不断增加。据估计，到2025年，全球二氧化碳排放量将持续大幅上升。

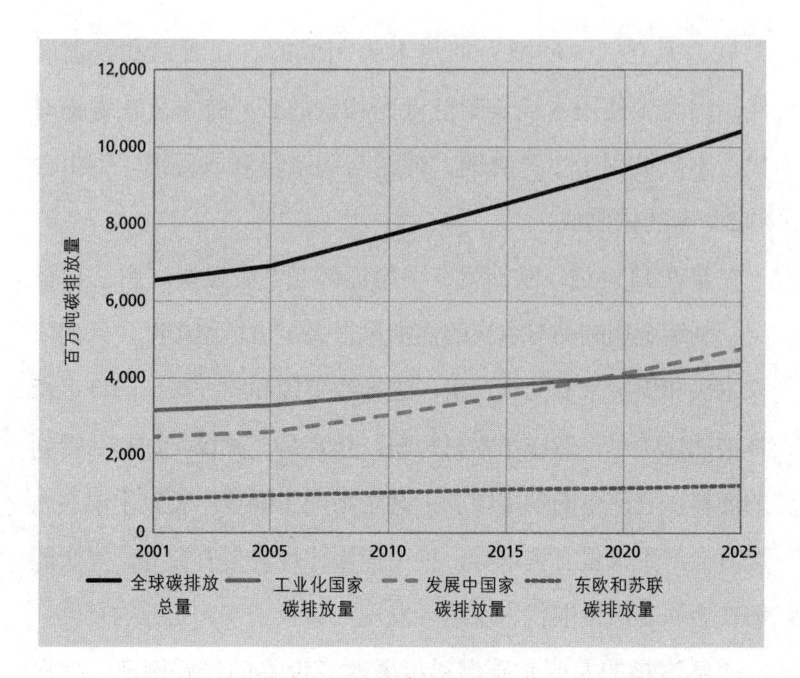

图1.2 世界各地区二氧化碳排放量（2001—2025年）

石油

尽管早在14世纪，中国古人就已经开始挖油井，但在19世纪中期之前，大多数可用的石油都来自渗出地表的泥坑。石油被用作灯具的燃料、药物和建筑材料。19世纪中期，从石油中蒸馏提取的煤油取代了其他燃料（尤其是鲸油），用于照明装置。

人类对石油的依赖始于内燃机和汽车的发明，这种依赖是当前许多经济和气候问题的根源。1900年，全球生产了4 192辆汽车。1968年，全球有2.71亿辆汽车、卡车和公共汽车。1985年，这些交通工具的数量已跃升至4.84亿辆。到1996年已达6.71亿辆。2010年，路面交通工具数量首次超过10亿辆。随着汽车、卡车和公共汽车等路面交通工具数量的快速增长，煤炭燃烧造成的碳排放量巨大，空气污染问题也日益严峻。

天然气

天然气用于街道照明始于19世纪20年代，直到19世纪后半叶，才被用于纽约和其他城市的家庭照明。随着电灯泡的发明和供电设备的普及，人们不再利用天然气照明。今天，天然气用于家庭供暖、发电，也被用作工业燃料。

对原子和元素的简要回顾

本章将简要介绍原子和元素的基本性质，这将有助于后续对碳化学的讨论。

原子

所有的物质都是由原子构成的，原子是由带正电荷的原子核以及绕核的带负电荷的粒子构成的微小粒子。

原子核包含两种粒子——质子和中子。质子是带正电荷的粒子，中子是电中性粒子。环绕在原子核周围带负电荷的粒子，叫作电子。质子带正电荷的量等于电子带负电荷的量。原子核周围环绕的电子数等于原子核中的质子数，因此原子整体呈电中性。原子核中的质子数决定了原子的种类——如碳、氢或氧。原子核周围电子的分布决定了原子的化学性质。

在化学反应过程中，原子可能得到或失去电子。当这种情况发生时，原子就不再是电中性——它带有一个负电荷或一个正电荷。这种粒子叫作离子。

罗伯特·波义耳

英国化学家和物理学家罗伯特·波义耳（Robert Boyle，1627—1691）最先提出了元素的现代定义。在波义耳之前，化学家们对元素的定义大不相同。实际上，古希腊人最先提出：地球上所有东西都是由元素构成的，但古希腊人认为世界上只有四种基本元素：土、气、火和水。一些早期的化学家认为他们可以把一种“元素”（通常是一种普通而廉价的金属）变成另一种“元素”（通常是金）。不出所料，这些实验都没有成功。

直到17世纪中叶，化学家们才开始摒弃希腊人的四元素理论。1661年，波义耳提出我们所知的“元素”的定义，即“不能通过常规化学手段还原为更简单物质的物质”。他还指出，元素不止有四种。罗伯特·波义耳被认为是现代元素概念的创始人，也是第一批真正的化学家之一。

元素和同位素

目前，已知的原子有118种，每一种原子的原子核中，质子的数量都各不相同。每种原子都是一种不同的元素，因此已知的元素有118种。其中98种原子产生于自然界，其余的20种原子只能在实验室中被制备出来。原子中的质子数决定了元素的种类。例如，所有的碳原子都含有6个质子，而所有含有

6个质子的原子都是碳原子。所有的氢原子都有一个质子。

所有的元素都由一个或两个字母的化学符号来表示，用于写出化学公式和化学反应。在生物中常见的一些元素的名称和符号有：碳C、氧O、氢H、氮N、磷P、硫S。

一种元素的原子的中子数目不尽相同。大多数碳原子有6个中子，但也有7个或8个中子的碳原子。中子数不同并不影响原子的化学性质。同一元素的不同形式，即只有中子数不同的原子互为同位素。同位素是根据它们所包含的质子和中子的总数来命名的。因此，含有6、7和8个中子的碳的同位素分别称为碳–12、碳–13和碳–14。氢有带有1个、2个和3个中子的三种同位素。最常见的氢只有一个中子。

原子序数和原子质量

原子中的质子数称为原子的原子序数。因此，原子序数标识元素。例如，原子序数为6的元素是碳。

原子核中质子和中子的总数决定了原子质量，即通常所说的原子量。例如，一个包含6个质子和6个中子的原子的质量是12。同位素碳–12的原子质量是12，它有6个质子和6个中子。

碳年代测定法

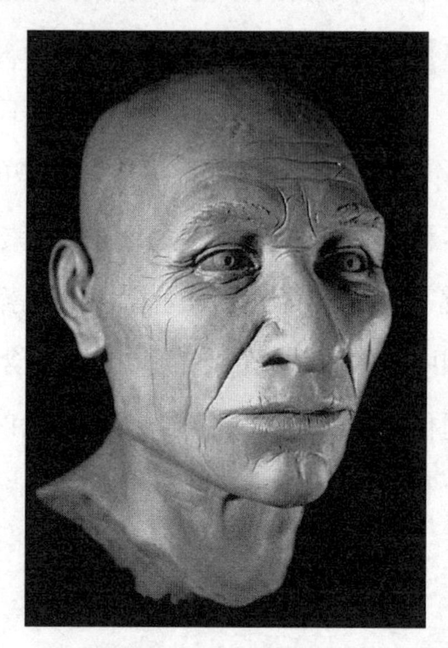
图2.1 肯纳威克人

科学家通常使用同位素碳-14作为工具来确定过去生命体所属的年代。使用碳同位素测定某物所属的年代被称为碳定年法，或放射性碳定年法。

碳定年所用的同位素是碳-14，它具有放射性。放射性原子的原子核会经历一个分解过程——衰变，在这个过程中它们会释放能量，有时还会释放粒子。放射性衰变的结果是原子变成另一种元素更稳定的同位素。例如，碳-14会衰变形成氮-14，氮-14是一种稳定的同位素。

碳-14的半衰期是5 730年。这意味着在给定的碳-14样本中，有一半的原子会在5 730年后衰变。在接下来的5 730年里，剩下的一半原子会衰变。这个过程一直持续到没有碳-14原子剩余为止。

地球上的大部分碳都以碳-12和碳-13的同位素的形式存在，因为这两种形态是稳定的，即它们没有放射性。碳-14是在高层大气中由太阳辐射产生的。植物在光合作用中吸收二氧化碳形式的碳。光合作用是利用碳和来自阳光的能量合成碳水化合物的过程。动物吃植物时吸收碳。在生命体中，碳-14的相对数量保持

不变——一些被吸收，一些会衰变。当有机体死亡时就停止了对碳的吸收。随着时间的推移，死亡器官中碳-12和碳-13的含量保持不变，因为它们都是稳定的同位素。随着时间的推移，碳-14的数量会随着同位素的衰变而减少。科学家可以测量稳定碳同位素的数量，并将结果与碳-14的数量进行比较。碳-14衰变得越多，被测试残骸的年代就越久远。

所有生物都会吸收碳，因此，生物体的遗骸及其生成物的年代可以通过碳测年法来确定。埋在地下的贝壳、衣服里的棉纤维、木头和骨头的年代都可以用碳定年法来确定。这项技术可以用于测定6万年前的物质。超过6万年前的生物体内的大部分碳-14原子已经衰变，因此无法进行有意义的比较。

碳定年法在科学上是一种常见而有用的工具。例如，肯纳威克人的年龄就是用碳定年法测定的。肯纳威克人是1996年在华盛顿州发现的一具男性骨骼遗骸。通过研究这具古人体骨骼中所含的碳同位素，美国国家公园管理局确定肯纳威克人至少有9 000年的历史，并且是美国原住民。

化合物和分子

不同元素的原子可以结合形成新物质。例如，氢原子和氧原子结合形成水。这种由两种不同元素的原子组成一个新物质的化学结合就是化学反应的一个例子。需要注意的是，水是一种无色无味的液体，它的性质与构成它的元素（都是气体）大有不同。由两种或两种以上原子经过化学结合形成的物质（如水）叫作化合物。虽然元素不能通过普通的化学方法分解成更简单的形式，但化合物可以分解成其组成元素的原子。分子是化合物的最小单位，它的成分与化合物中的成分相同，比例也相同。一个水分子由两个氢原子和一个氧原子结合而成，因此，水的分子式为H_2O。

炼金术

在中东和远东地区，从2 000多年前开始，“自然哲学家”一直在实践炼金术，这是涉及科学与自然、艺术以及各种精神和哲学思想的综合研究。炼金术的从业者被称为炼金术士，他们以相信贱金属，如铅、铜和锡，可以变成黄金而闻名。虽然他们的探索从未成功，但现在人们认为他们在化学科学方面取得了一些真正的进展。由于他们不断地试验不同的技术和化学品，他们发现了一些有用的化学过程，如矿石测试以及陶瓷、油漆和染料的生产。也许更重要的是，他们还证明，进行实验实际上对推动知识的进步至关重要。

元素周期表

在19世纪中叶，包括碳在内的许多元素被发现。当时的化学家们在寻找一种方法来整理这些已经发现的信息。1869年，德国化学家德米特里·门捷列夫（1834—1907）创建了第一个精确的元素周期表，这是一张包括所有元素及其区别特征的有序图表。自门捷列夫以来，元素周期表一直在被修订和扩充，始终是化学中最有用的工具之一。

在元素周期表中，门捷列夫根据原子质量排列元素，为未知的元素留出空间。碳排列在第6位。现代元素周期表的组织方式与门捷列夫有所不同。虽然今天我们知道门捷列夫犯了一些错误，但碳仍然排在第6位。

在元素周期表中，元素垂直排列成族，水平排列成行或周期。门捷列夫的周期表有8个族，但是现代的元素周期表有18个族。在门捷列夫和现代元素周期表中，垂直排列的族都是具有相似性质的元素。在现代元素周期表中，碳和硅、锡、铅属于第14族。门捷列夫的元素周期表中，族是基于元素特征的分类。后来的发现表明，这些周期性特征取决于原子中电子的排列。表中水平行从左到右按原子序数递增的顺序排列元素。

同族元素具备某些相同的性质。因此，在制作元素周期表时，门捷列夫必须根据原子量决定什么情况下将元素放在一个周期里（横排），什么情况下开始一个新周期并把它们放在一个特定的族里（竖排）。例如，他将钾（K）置于第一族的钠（Na）之下，而不是第8族的氯（Cl）附近。他这样做，一方面是因为钠和钾有许多共同的特征：钠和钾都是密度低、熔点低的固体，与水反应都产生氢气，都是电的良导体；另一方面是因为氯是一种气体，是热和电的不良导体。

对族和周期内原子的研究显示元素周期表自上到下、从左到右原子大小的变化趋势：

- 原子中的电子壳层越多，原子就越大，因此元素周期表中的同族原子的大小从上到下递增。
- 一般来说，元素周期表的一个周期内，原子的大小从左到右递减。

有关原子大小的另一个有趣的事实是：失去电子的原子比原来的原子小，而得到电子的原子比原来的原子大。

碳化合物化学

碳是一种有趣的元素，它对地球上的所有生物都非常重要。它是构成生命所必需的各种结构和功能的化合物的骨架，包括DNA、蛋白质、脂肪和碳水化合物。它的化学性质十分有趣，因为它具有形成化合物的惊人能力，不仅能与其他元素的原子结合，还能与其他碳原子结合。

图3.1 恒星

注：在恒星中，质子相互碰撞以形成越来越重的元素，这个过程被称为核合成。

表3.1 碳的一些基本性质

性质	定义	碳（C）
化学系列	有某些共同性质的一组元素	非金属
外观	元素在正常室温下的外观和触感	黑（石墨） 无色（金刚石）
硬度	按十分制衡量，10表示硬度最大	1—2（石墨） 10（金刚石）
原子序数	原子核中的质子数	6个
原子质量	原子核中质子和中子的总量	12个（碳-12同位素）
熔点	物质从固态变成液态时的温度	3 500° C（石墨）
沸点	物质从液态变成气态时的温度	4 830° C（石墨）

碳的形成

碳和其他元素一样，它的形成是宇宙历史的一部分。除了最轻的元素外，所有的自然元素都是在极端温度下在恒星的核心中形成的。在这个被称为核合成的过程中，质子碰撞在一起，形成带有越来越多质子的原子核（越来越重的元素）。碳由三个氦核碰撞形成，每个氦核包含两个质子。含碳恒星毁灭时，爆炸将包括碳在内的元素四散到整个宇宙中。人们认为，数十亿年前，太阳系由这些灭亡的恒星遗留

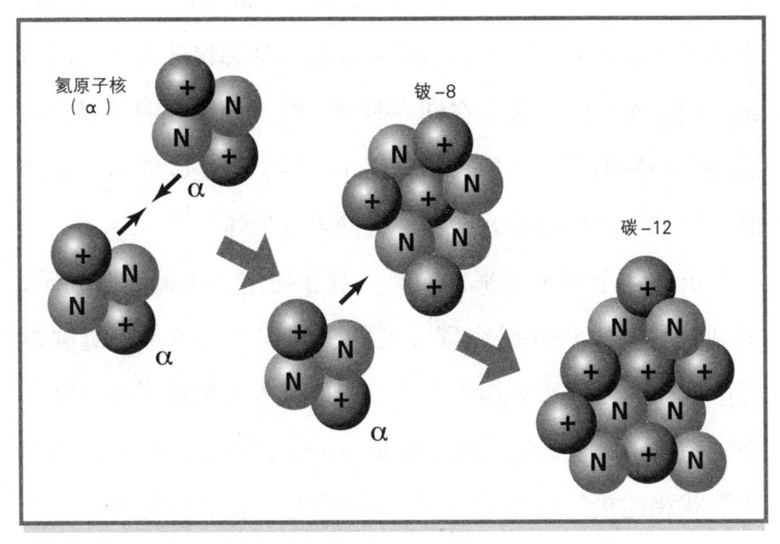

图3.2　三α过程

下来的云团状物质凝固而成，形成了现在包含这些元素的太阳和行星。此外，陨石和其他含碳的物体撞击地球表面，使更多的碳被地球吸收。碳是宇宙中含量第四丰富的元素，仅次于氢、氦和氧。

碳的形态

部分元素存在不同的形态。直至19世纪初，木炭还是人类唯一已知的碳形态。“碳”这个名字实际上源于拉丁语“carbo”，意为木炭。1812年，汉弗莱·戴维爵士利用阳光点燃了一颗金刚石。该试验以及他的科学解释证明了金刚石是由纯碳构成的。大约在同一时期，戴维同样证明了煤炭是碳的另一种形态。石墨，即铅笔中的铅，也是碳的另一种形态。这种不同形态的元素被称为同素异形体。

虽然几个世纪以来，人类一直在使用、认识和研究碳，但现代科学家仍在研究碳元素的新知识。1985年，美国得克萨斯州休斯顿市莱斯大学的一组研究人员发现了另一种形态的碳，被命名为富勒烯（fullerene）。富勒烯由多个以球形或管状相连接的碳原子构成，第9章对富勒烯有更为详细的讨论。

碳的物理性质

物质的物理性质指的是那些不需要任何化学变化就能观察到的属性，例如，颜色、物理状态（固态、液态或气态）、硬度、光泽、导热能力、导电能力和密度。碳是一种固体，是18种非金属元素之一。非金属元素有许多共同的性质：

- 它们是电的不良导体。
- 它们的表面很暗。
- 它们是脆性元素。
- 它们的熔点和沸点大不相同。

碳的同素异形体具有不同的物理性质。石墨（用作铅笔芯）呈黑色、硬度较低，而金刚石色透明、硬度高。在1到10的范围内，石墨的硬度在1到2之间，而金刚石的硬度为10。

图3.3　石墨

碳的化学元素

物质的化学性质取决于该物质是否能发生特定的化学反应，以及在什么条件下能发生反应。原子或分子的反应方式取决于其电子的数目和排列方式。

碳有6个电子。这些电子位于环绕原子核的两个壳层中。在所有原子中，最内层壳层最多只能有2个电子。碳原子最内层壳层有2个电子。在碳原子中，离原子核较远的第二层壳层含有4个电子。该壳层最多可以包含8个电子。最外层电子层中电子的数量和结构对于该原子如何与其他原子发生反应是至关重要的。当最外层的电子层是满的，即包含的电子数最多时，原子最稳定。一个碳原子要达到最稳定的结构，它的最外层电子层必须要有8个电子。

碳原子的最外层壳层只包含4个电子，这些原子可以通过失去4个电子、增加4个电子或与另一个原子共用4个附加电子来获得稳定性。当一个原子失去电子、得到电子或与另一个原子共用电子时，就形成了化学键。化学键的作用是使原子结合在一起。化学键的强度是不同的，这取决于化学键的类型和相关的原子，因为不同元素的原子有不同的化学性质。碳原子与其他碳原子或其他元素的原子都可以形成化学键。

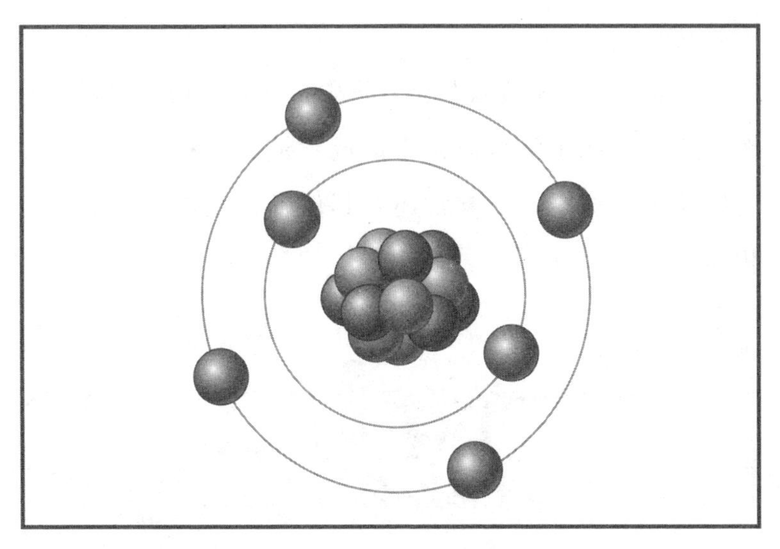

图3.4　碳原子的玻尔模型

注：一个碳原子有6个电子，占据2个电子层。

化学键的类型

碳可以形成三种不同的化学键，它们都涉及共用电子，分别被称为单键、双键和三键，这取决于有多少对电子与另一个原子共用。该原子可以是另一个碳原子，也可以是另一个元素的原子。

在单键中，两个原子共用一对电子。在这个电子对中，两个电子可以来自一个原子，也可以分别来自两个原子。在双键中，两个原子共用两对电子。在三键中，两个原子共用三对电子。

在复杂的有机或碳基化合物中，通常有很长的碳原子链，这些碳原子链可以是直链或支链。氢和氧是最经常与碳相连的原子，但常常还有其他各种元素的原子与碳相连。

纪念钻石

所谓的“纪念”钻石是珠宝行业最近的一种趋势。实际上，这种钻石是用人类遗骸制成的。许多公司现在提供将亲人或宠物的遗体火化，并使用遗体中所含的碳来制造钻石的服务。这种由纯碳制成的新型钻石被当作逝者最后的可佩戴纪念品出售。

传统上，人造钻石是由石墨制成的。20世纪50年代以来，科学家们已经知道如何利用压力和热量来制造人造钻石。渐渐地，人造宝石的质量得到了提高。今天，人造钻石和天然钻石很难区分。根据美国自然历史博物馆的数据，目前人造钻石每年的产量约为80吨。

目前关于纪念钻石制作受欢迎程度的统计数据很少，但行业领先的制造商强调纪念钻石易于获取、制造过程简单，就好像纪念钻石已经相当普遍一样。此外，他们还推动了最新的趋势：将活着的人体内所含的碳制成钻石。只要有一绺头发和几千美元，任何人都可以把自己变成宝石。

碳化合物

常见的碳化合物包括二氧化碳（CO_2，当我们呼吸时被呼出）、蔗糖（$C_{12}H_{22}O_{12}$）、白垩（$CaCO_3$）和天然气（主要是CH_4）。因为自然界中有许多不同的碳化合物，我们不可能一一了解它们的名字。因此，碳化合物是根据它们的化学构成和结构特征来命名的。

碳化合物的命名

碳化合物的名称表明了该化合物包含的碳原子的个数、碳原子间化学键的类型以及碳链上的其他原子。例如，“甲烷”（methane）一词表明，这种化合物只有一个碳原子，只有单键。所有单个碳原子的碳化合物都以“甲”（meth）开头。在这种情况下，“烷”（-ane）结尾表示该化合物只含有单键。所有碳化合物的命名都遵循这些规则。

名称的第二部分指明了化学键的类型：以“烷”（-ane）结尾表示单键；以“烯”（-ene）结尾表示双键；以“炔”（-yne）结尾表示三键。除了结尾不同之外，化合物中碳原子的编号还有一个惯例：当化合物中键的类型不止一种时，每种键的位置通过列入键所在的特定碳原子的数量来表示。这些命名惯例使得化学家在处理不熟悉的碳化合物时能够与其他化学家进行准确的交流。举个简单的例子，“乙烯”（ethene）是一种未知物质，根据上述规则，很明显这种化合物有两个碳原子（因为它以“乙”开头），而且碳原子之间有一个双键（因为它以“烯”结尾）。

碳原子的数目和决定碳化合物名称的化学键类型用表3.2中的前缀和后缀表示。

表3.2 碳化合物的命名

前缀	碳原子数	例　子
甲	1	甲烷（CH_4），天然气的主要成分
乙	2	乙烷（C_2H_6），天然气的组成部分
丙	3	丙烷（C_3H_8），燃气烤炉常用燃料
丁	4	丁烷（C_4H_{10}），用作燃料
戊	5	戊烷（C_5H_{12}），用作燃料和溶解剂
己	6	己烷（C_6H_{14}），汽油的成分
庚	7	庚烷（C_7H_{16}），汽油的成分
辛	8	辛烷（C_8H_{18}），汽油的成分
壬	9	壬烷（C_9H_{20}），用作煤油灯、飞机和柴油机燃料
癸	10	癸烷（$C_{10}H_{22}$），用作煤油灯、飞机和柴油机燃料
后缀	**化学键类型**	**例　子**
烷	单键	甲烷（CH_4），天然气的主要成分
烯	双键	乙烯（C_2H_4），使果实成熟并开花
炔	三键	乙炔（C_2H_2），用于焊接金属

碳氢化合物

碳氢化合物是仅由碳原子和氢原子组成的化合物。每一种碳氢化合物都由碳原子和不同数目的氢原子连接构成。碳氢化合物包括烷烃、烯烃、炔烃和芳香烃。

化学家使用结构式来显示化合物中元素和化学键的视觉分布。图中所示的分子模型提供了化合物中原子排列的三维视图，这些原子排列通过化合物的化学式表示。例如，图3.5中甲烷分子的结构式说明其化学式为CH_4。

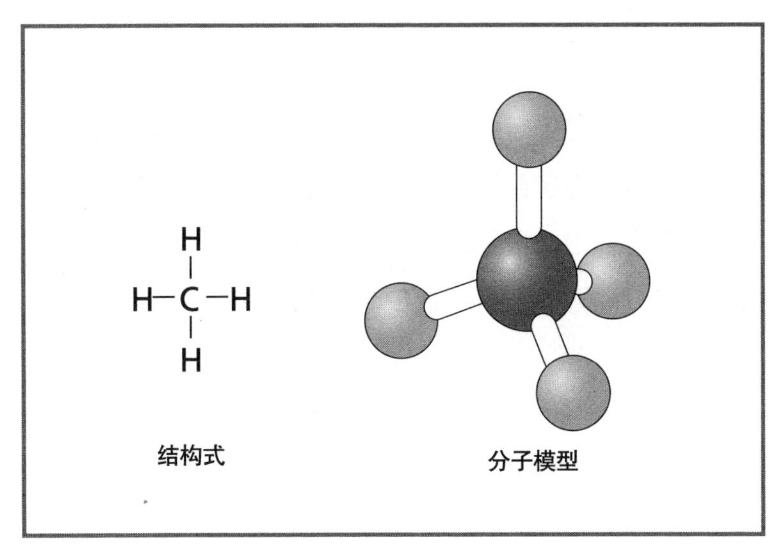

图3.5 甲烷的结构式和分子模型

烷烃

只含单键的碳氢化合物叫烷烃，它们的名称都以“烷”结尾。甲烷（CH_4）是最简单的烷烃，由一个碳原子和四个氢原子组成。四个氢原子各有一个电子，这些电子与碳的四个外层电子配对，形成四个单键。

大多数烷烃是将原油根据不同的沸点分馏而得到的。前四种烷烃（从甲烷到丁烷）是气体。甲烷是天然气的主要成分。丙烷和丁烷也被用作燃料。丙烷用于家庭取暖器、炉具和烘干机，并用作经过特殊改造的车辆的燃料。接下来的四种烷烃（从戊烷到辛烷）是液体。这些各种形态的烷烃是汽油的主要成分。从含有9个碳原子的壬烷到含有16个碳原子的十六烷，这些烷烃用作煤油灯、柴油机和航空的燃料。

烷烃常发现于自然系统中。它们是木星、土星、天王星和海王星大气中的主要成分。甲烷也被认为是早期地球大气的主要成分。天然气和石油主要由烷烃构成。

烯烃

具有一个或多个碳碳双键的碳氢化合物称为烯烃。烯烃的名称以“烯”结尾。乙烯是最简单的烯烃，由两个碳原子通过双键连接构成。双键由两对共用电子组成，两对电子分别来自两个碳原子。每个碳原子都有两个连接氢原子的单键，所以这个化合物的分子式可以写成C_2H_4。

乙烯是应用最广泛的有机工业化合物。它被用于制造聚乙烯——世界上使用最广泛的塑料，如塑料购物袋和牛奶瓶中就含有聚乙烯成分。除了塑料，乙烯还被用于合成许多不

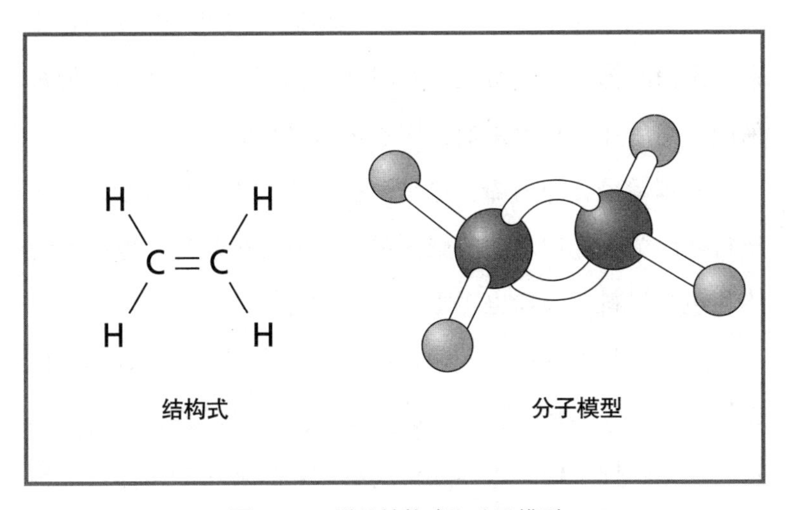

图3.6 乙烯的结构式和分子模型

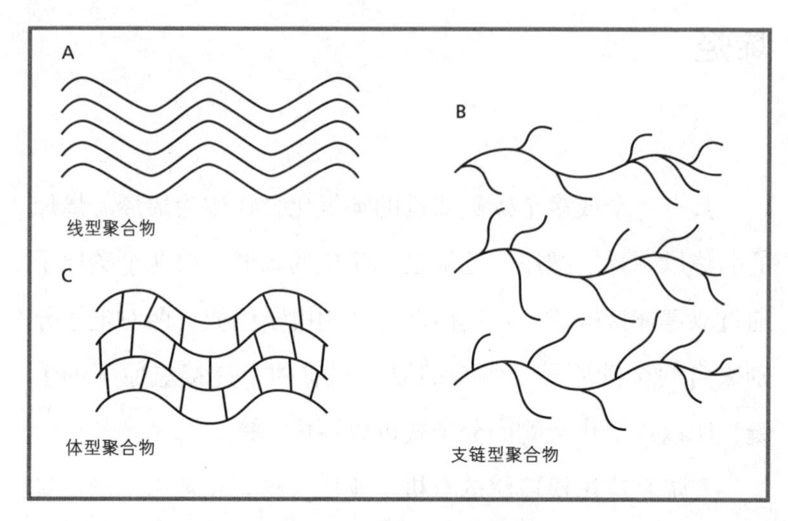

图3.7 三种聚合物分子链

同的有机化学物质，包括被用作汽车和卡车防冻剂的乙二醇。乙烯也存在于生物中，它是一种促进水果成熟的植物激素，像西红柿这样的蔬菜，有时在它们还未成熟的时候便被采摘，然后在将要出售前，用乙烯将其催熟。

三碳烯烃，即丙烯，也是一种重要的工业化合物，用于塑料聚丙烯的生产。塑料聚丙烯用于制作模塑件、电的绝缘体和包装材料。丙烯也用于生产各种各样的化学品。

聚乙烯和聚丙烯都是聚合物，是由重复的片段或单元构成的长链组成的化学物质。从鞋子到汽车保险杠，聚合物无处不在且多种多样。正如你将发现的，生命所必需的许多重要分子，如DNA、糖原和蛋白质也是聚合物。

炔烃

含有一个或多个碳碳三键的碳氢化合物称为炔烃。炔烃的名称以“炔”结尾。乙炔，俗称电石气，是最简单的炔。乙炔由两个碳原子组成，碳原子间由三键连接，并且每个碳原子与一个氢原子相连接。乙炔的化学式是C_2H_2。

炔烃在自然界中不如烯烃常见，但有些炔烃是由某些植物和细菌自然合成的。少数炔烃被用于制作药物，包括乙炔雌二醇，这是一种用于避孕药的合成雌激素。还有一些炔烃已经作为抗癌药物进行了测试。

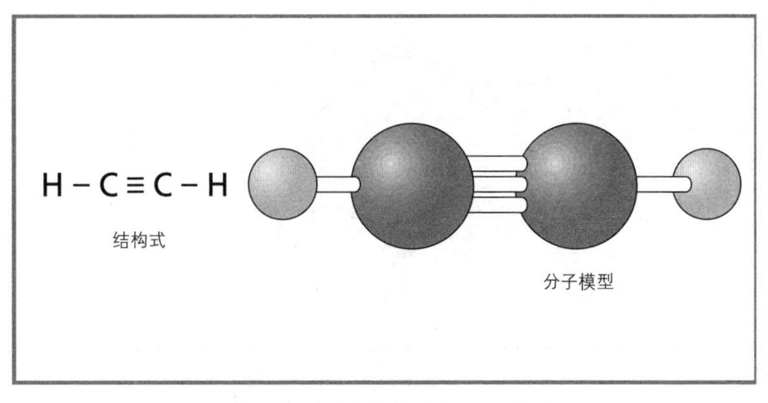

图3.8　乙炔的结构式和分子模型

从煤或天然气中提取的乙炔，在氧乙炔炬中与氧气燃烧可用于焊接。这种混合气体的温度可以达到2 800°C，这个温度足以熔化钢铁。

芳香烃

在芳香烃中，碳原子以环状，而不是直链结构连接在一起。最常见的芳香族结构是苯环，它由六个碳原子以六边形结构连接构成。注意，该结构中存在三个双键。

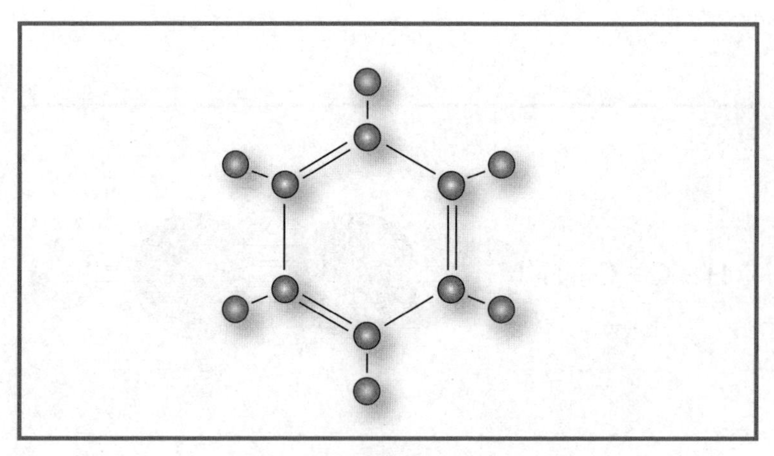

图3.9　苯分子

注：苯分子是由六个碳原子组成的环构成，每个碳原子上连接一个氢原子。接触大量的苯可能致命。

人们用“芳香族”来命名这些化合物，因为最先被发现的此类化合物有宜人的气味。

有许多含有苯环的化合物，其中一个或多个氢原子被另一个原子取代。该原子可能是碳原子，连接着其他碳原子甚至是其他环结构。

其他种类的有机化合物

除了上述烷烃、烯烃和炔烃以外，还有许多种有机化合物。数百万种不同的碳化合物根据它们的官能团被分成不同的族。官能团是原子或原子团，它们赋予了分子特有的性质。通常，官能团会取代碳链或碳环中的氢原子。

醇类

以乙烷为例，这种烷烃含有两个碳原子和六个氢原子。如果一个氢原子被羟基（OH group）取代，便会形成乙醇。

乙醇是酒精饮料中的酒精成分。OH是醇基。醇类的名称以"醇"（-OL）结尾。乙烷和乙醇的结构式如下：

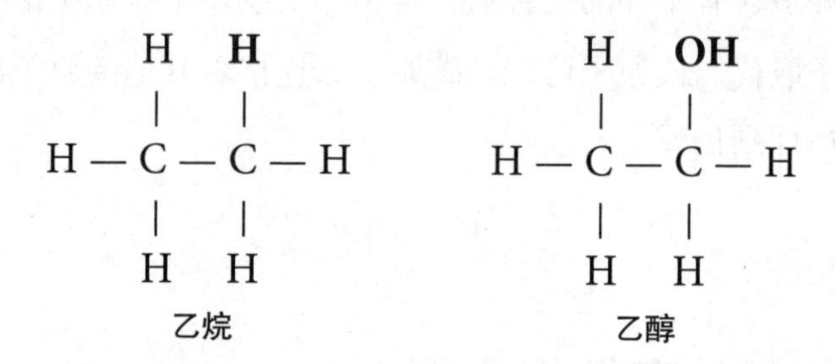

乙烷　乙醇

在化学反应中，羟基发生变化，形成新的物质。醇类是一类重要的有机化合物，因为它被广泛应用于消毒剂、清洁液、防冻剂和药物中。

羰基

羰基（carbonyl group）由一个碳原子和一个氧原子通过双键连接而成：C = O。羰基是其他官能团的一部分。羧基由羰基与羟基相连构成，而酯由羰基与OR基团连接构成（R基团可以是除H基团以外的任何基团）。

羧基

羧酸中含有羧基，羧酸是一种有机酸。羧基是脂肪酸中的官能团，脂肪酸可以反应形成脂肪和脂类。羧基也是氨基酸的官能团之一，而氨基酸是蛋白质的基础单元。肥皂中也含有羧基。羧基由碳原子与氧原子双键连接并与羟基单键连接构成，结构式如下：

$$R-\overset{\overset{\large O}{\|}}{C}-OH$$

酯类

羧酸与醇发生反应，形成的产物叫酯。酯由碳原子通过双键与氧原子连接并通过单键与R基团连接构成。羧酸的羟基被一个OR基团取代，酯的结构式如下：

$$R-\overset{\overset{\large O}{\|}}{C}-OR$$

酯类以其宜人的芳香而闻名。许多花和水果（如橙子）

的香味都源自酯类。酯类常用于香水，也用作食品和软饮料中的香精。

胺类

除了羧基，氨基酸还有第二个官能团——胺基（NH_2）。胺类与氨（NH_3）有关。

基本的化学反应

化学反应是把一种化学物质变成另一种化学物质的过程。化学反应开始于一组物质，结束于另一组物质。在化学反应的过程中，一些化学键被破坏，形成另一些化学键。反应开始时的物质称为反应物，而反应产生的新物质称为生成物。

化学家把反应物和生成物写成化学方程式。所有的化学方程式都遵循这样的格式：反应物→生成物。数字表明每种物质需要或生成的数量。箭头表示发生了化学反应，产生了新物质。

一个简单的化学反应的例子是氢和氧反应生成水。这两种物质以2氢1氧的比例结合，产生了一种新物质（生成物）——水。水形成的化学方程式为：

$$2H_2 + O_2 \rightarrow 2H_2O$$

正如碳原子很容易与其他原子成键一样，它们也很容易参与化学反应。同样，正是碳化合物的化学性质使它们成为化学反应的重要参与者。

化学反应的类型

三种常见的化学反应是取代反应、消除反应和加成反应。理解官能团在取代和消除反应中的表现是理解碳化学的关键。

取代反应

在取代反应中，两种反应物交换成分形成一种新物质。如果基团被写成X和Y，一般的取代反应如下：

$$C{-}X + Y \rightarrow C{-}Y + X$$

在化学反应中，反应物中的官能团X被称为Y的原子群所取代，产生了两个新的生成物（C–Y和X）。

确切地说，此类化学反应如何发生和所需时长均取决于所涉及的原子群。取代反应在碳化学中很常见。

消除反应

在消除反应中，原子被从碳链上相邻的原子旁移除或消除，并产生一个小分子，通常是水。相邻的碳之间形成双键，生成烯烃。例如，乙醇可以通过失去“H”和“OH”进行消除反应生成乙烯和H_2O（水），如下：

$$\begin{array}{c} \mathbf{H}\quad\mathbf{OH} \\ |\qquad | \\ H-C-C-H \\ |\qquad | \\ H\quad H \end{array} \rightarrow \begin{array}{c} H\quad H \\ |\qquad | \\ C=C \\ |\qquad | \\ H\quad H \end{array} + \mathbf{H_2O}$$

乙醇　　　　乙烯 水

加成反应

在加成反应中，原子通常会附加于含有碳–碳双键或三键的分子上。例如，两个氢原子可以附加于一个乙烯分子中产生乙烷。在此过程中，碳–碳双键转化为单键，如下：

$$
\begin{array}{ccccccccccccc}
H & & H & & & & & & & H & & H & \\
| & & | & & & & & & & | & & | & \\
C & = & C & + & \mathbf{H} + \mathbf{H} & \rightarrow & \mathbf{H} & - & & C & - & C & - \mathbf{H} \\
| & & | & & & & & & & | & & | & \\
H & & H & & & & & & & H & & H &
\end{array}
$$

乙烯　　　　　　　　　　　乙烷

加成反应与消除反应是相反的。

这里所讨论的反应只是碳化合物反应的一个简单样例。

生物分子

生物分子是在生物体内发现的分子。生物分子的主要种类有蛋白质、碳水化合物、脂肪和核酸。所有的生物分子都含有碳、氢和氧。蛋白质也含有氮，有时含硫。核酸含有氮和磷。在这些化合物中还可能发现其他种类的原子。

蛋白质

蛋白质是由氨基酸组成的有机聚合物。它们在生物体中既有结构上的作用，也有功能上的作用。例如，蛋白质是皮肤、头发和指甲的主要组成部分。人体细胞内特殊的蛋白质——酶，是所有生命体发生化学反应所必需的物质。如果没有酶，细胞内的化学反应就会过于缓慢而不能维持生命。

在生物中发现的蛋白质包含20种不同氨基酸的各种组合。如前所述，氨基酸的官能团是一个氨基（NH_2）和一个羧基（COOH）。在下式中，氨基被写成H_2N，表示碳原子与氨基的氮原子成键。

$$
\text{（氨基）}\mathbf{H_2N}-\overset{\displaystyle H}{\underset{\displaystyle R}{\overset{|}{\underset{|}{C}}}}-\overset{\displaystyle O}{\overset{\|}{C}}-OH\text{（羧基）}
$$

在这20种氨基酸中，由不同数量和种类的原子组成的R基团各不相同，其余部分的结构是相同的。

蛋白质中的氨基酸通过一种氨基酸的氨基和另一种氨基酸的羧基之间的键连接在一起。这些键叫作肽键。当两个氨基酸之间形成肽键时，一个氨基酸的羧基失去了一个氢原子和一个氧原子，另一个氨基酸的氨基失去了一个氢原子。这些失去的原子变成一个水分子（H_2O），留下所谓的二肽，如下式所示：

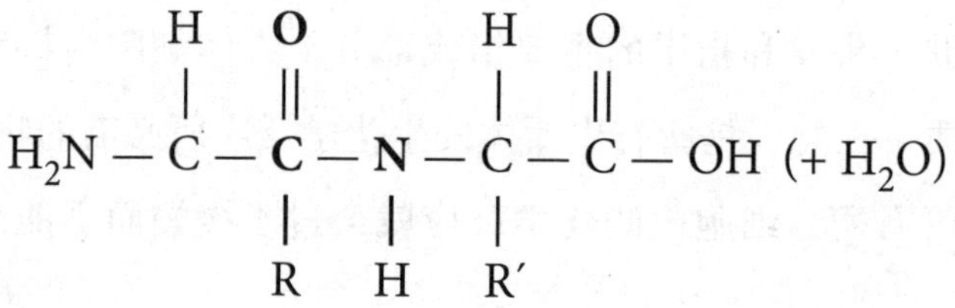

$$
\begin{array}{ccccccccccccc}
 & & \mathrm{H} & & \mathbf{O} & & & & \mathrm{H} & & \mathrm{O} & & \\
 & & | & & \| & & & & | & & \| & & \\
\mathrm{H_2N} & - & \mathrm{C} & - & \mathbf{C} & - & \mathbf{N} & - & \mathrm{C} & - & \mathrm{C} & - & \mathrm{OH}\ (+\ \mathrm{H_2O}) \\
 & & & & | & & | & & | & & & & \\
 & & & & \mathrm{R} & & \mathrm{H} & & \mathrm{R'} & & & &
\end{array}
$$

该结构称为二肽，因为它是连接两个氨基酸的肽键。而由50个或更多个肽键相连的氨基酸构成的肽链叫作多肽，因为它由许多氨基酸组成。

蛋白质有几个不同层次的结构。其组成氨基酸的排列顺序只是第一级，而多肽链中主链的排列为第二级。螺旋是常见的结构之一，它像一个弹簧和褶片。第三级有关蛋白质的折叠方式。20种不同的氨基酸有许多不同的排列方式，且蛋白质的形状多种多样，这使得蛋白质几乎有无限的种类。

碳水化合物

碳水化合物是碳化合物中的一大类，其相邻的碳原子上有许多羟基，且有一个碳氧基（C=O group）。碳水化合物包括糖类、淀粉、纤维素和糖原等。科学家发现，葡萄糖和其他一些糖类的分子式是$C_6H_{12}O_6$，这似乎说明其由碳原子和水分子构成——$C_6(H_2O)_6$，因此将其命名为碳水化合物。

分子手性

一些氨基酸和碳水化合物具有所谓的"右手"和"左手"结构。这与它们的原子排列有关。当四个不同的基团连着同一碳原子时，手性就发生了。右手和左手的形态是彼此的镜像。尽管它们的化学性质相同，但有趣的是，只有一种形式的氨基酸具有生物活性：左手形态。

碳水化合物分为三类：单糖、双糖和多糖。单糖是单一的糖，如葡萄糖。双糖由两个单糖键合在一起而形成，例如蔗糖。多糖是单糖的聚合物，包括淀粉和纤维素，它们均由葡萄糖构成。

碳水化合物在生物体中发挥着许多不同的功能。例如，葡萄糖在大多数生物中分解并产生能量。淀粉和糖原是葡萄糖的聚合物，是储存能量的化合物。有机体将机体剩余的葡萄糖转化成淀粉（植物体内）或糖原（动物体内）。这些称为多糖的物质在葡萄糖需要产生能量时被分解。

葡萄糖和糖尿病

人体细胞能够将葡萄糖作为能量，这要求葡萄糖能够从血液中穿过每个细胞的细胞膜进入细胞。这一过程是由胰腺产生的一种叫胰岛素的物质实现的。胰岛素是一种激素，它是一种直接分泌到血液中的物质，只对特定的目标组织起作用。

如果没有胰岛素，食物消化产生的葡萄糖就会留在血液中，由肾脏排出体外，这就是未经治疗的糖尿病患者的情况。并不是每个糖尿病患者都缺乏胰岛素。有时人体会产生足够的胰岛素，但细胞变得对它不敏感，导致葡萄糖仍然留在血液中。肥胖和缺乏运动是导致糖尿病发生的两个因素。

脂类

脂类是一类不溶于水和类似溶剂的生物分子。脂类包括食物中的脂肪和储存在我们体内的脂肪、蜡和类固醇。对身体重要的是，所有细胞的细胞膜都是由脂质构成的。与碳水化合物如淀粉和糖原一样，脂类也可作为储存能量的化合物，但每克脂类所含的能量是碳水化合物和蛋白质的两倍多。供能所剩余的营养物质被储存为体脂肪。

最常见的天然脂肪是由甘油和脂肪酸组成的。这种脂肪称为三酰甘油，包括固体动物脂肪（如黄油和猪油）以及液体植物油（如橄榄油、花生油和玉米油）。甘油是三碳化合物，可与脂肪酸反应形成脂肪。脂肪酸是由碳原子和氢原子、氧原子相连构成的长链，有时包括碳双键。不含双键的脂肪称为饱和脂肪，因为它们不能再增加任何氢原子。含有双键的脂肪被称为不饱和脂肪，因为它们可以与更多的氢原子结合。（每个双键上可以增加两个氢原子，使碳原子间仅剩一个单键。）

人们认为，高饱和脂肪的饮食不利于身体健康，因为脂肪会在动脉特别是心脏动脉中沉积，造成危险。另一方面，实际上，摄入少量的不饱和植物油被认为是对身体十分有益的。

核酸

核酸是携带遗传信息的有机聚合物，遗传信息反过来又指导着体内所有蛋白质的合成。核酸分为两种：脱氧核糖核酸（DNA）和核糖核酸（RNA）。

DNA存在于细胞核中。在没有分裂的细胞中，DNA在一种叫作染色质的分散形式中存在。当细胞准备分裂时，染色质自我重组，形成一对粗大的棒状染色体。染色体由DNA和蛋白质组成。控制遗传的基因沿着染色体中的DNA排列。每个基因由特定的DNA片段组成，并指导特定蛋白质的合成。

DNA具有复制自身的特殊能力，这一过程称为自我复制。正是DNA的自我复制能力使遗传信息得以代代相传。

DNA和RNA都是由叫作核苷酸的亚基组成而成的聚合物。DNA中的核苷酸由单糖脱氧核糖、磷酸基因（PO_4）和四种不同的含氮碱基之一组成。这四种碱基是环状化合物，分别是腺嘌呤（A）、胞嘧啶（C）、鸟嘌呤（G）和胸腺嘧啶（T）。RNA中的核苷酸由单糖核糖、磷酸基团和四种含氮碱基之一组成。和DNA一样，包括腺嘌呤、胞嘧啶和鸟嘌呤，但不包括胸腺嘧啶，而是一种不同的碱基——尿嘧啶（U）。

因此，DNA和RNA中的核苷酸的区别就在于它们包含的糖和含氮碱基不同。DNA和RNA的另一个主要区别是：DNA是双链分子，而RNA是单链分子。

遗传信息，也称遗传密码，存在于DNA的核苷酸序列中。这些信息从细胞核中的DNA复制到一种特殊的RNA分子中，然后从细胞核传递到蛋白质合成位点。在合成位点，复制到RNA中的遗传密码决定了哪些蛋白质被合成，而这些合成的蛋白质反过来又决定了细胞和整个有机体的结构和功能。

DNA复制和遗传密码由DNA复制到RNA分子这两个过程都取决于碱基对。存在于DNA和RNA的核苷酸中的含氮碱基以特定的方式相配对。在DNA中，腺嘌呤（A）与胸腺嘧啶（T）配对，胞嘧啶（C）与鸟嘌呤（G）配对。因此，当双链DNA分子的一个单链中有一个A，则另一单链中有一个T。当遗传密码从DNA复制到RNA时，两条DNA单链分离，RNA的核苷酸与每条DNA链上的核苷酸配对。在这种情况下，DNA上与腺嘌呤（A）配对的核苷酸是尿嘧啶（U），因为RNA不包含胸腺嘧啶（T）。由于碱基对的精确性质，遗传密码可以在这一过程的每个阶段被精确地传递。

我们已对碳进行了原子层面的讨论，接下来将探索碳元素和碳化合物在自然界中的表现和作用。

碳循环

碳是宇宙中第四丰富的元素。它是大气、海洋、陆地和地球上所有生物的关键组成部分。碳以各式各样的形式在海洋、陆地、空气和生物之间不断循环。地球上碳原子的转移过程共同构成了碳循环。

碳循环的每一环节都像是碳原子的储库——碳进入并停留一段时间，而后离开的地方。每个储库都有自己的特点，碳的存量、停留时长、进出方式以及碳原子的反应和作用都有所不同。

生物圈是地球上包含所有活着和死去生物的圈层，包括大气、海洋和陆地中所有可居住部分。所有的生物都是由碳构成的，因而包含活着和死去生物的生物圈的所有部分均含有大量的碳。地球的生物圈含有大约2万亿吨碳（每10亿吨大约相当于1.42亿头非洲象或2 750座帝国大厦的重量）。

图5.1 生物圈

碳循环的过程

碳在大气、海洋、陆地和生物中的循环包括以下过程：光合作用、呼吸作用、燃烧、有机物的掩埋、分解和风化作用。

光合作用

光合作用是植物利用阳光的能量将二氧化碳和水转化为碳水化合物的过程。二氧化碳和水都来自环境。光合作用是清除大气中二氧化碳的主要过程。氧气和水蒸气作为光合作用反应的副产品被释放到大气中。

光合作用始于一种绿色色素——叶绿素。叶绿素中的电子从阳光中吸收能量。通过一系列复杂的反应，这种能量被用来合成碳水化合物。这些碳水化合物直接或间接地成为地球上所有动物的食物能量的来源。一些动物直接以植物为食，而其他动物则以这些食草动物为食。

呼吸作用

呼吸作用是生物体分解营养物质（主要是葡萄糖）从而产生能量的过程。这一过程需要氧气。呼吸作用所释放的能量用于合成一种叫作三磷酸腺苷（ATP）的化合物，而三磷酸腺苷反过来为所有的新陈代谢反应（即生物体中所有的化学反应）提供所需的能量。呼吸作用产生废物——二氧化碳和水蒸气，从人类和其他动物的肺部呼出，进入大气。

风化作用

风化作用是岩石被分解成越来越小的颗粒的过程，包括物理分化和化学分化。物理分化是指岩石暴露在冻融循环（freeze-thaw cycle）中，在风与水的作用下，发生了物理分解。化学风化是指岩石暴露在空气、水和其他可能溶解在水中的化学物质（如酸）中，发生了化学分解。岩石暴露在大气中所发生的风化作用，导致部分二氧化碳和破碎的岩石一起脱离大气，最终被冲进海洋。

分解作用和化石燃料的形成

细菌、其他腐烂的生物体或分解者将动植物尸体分解成更简单的化合物，即分解作用。没有这些微生物，动植物尸体中的物质就不能被循环利用。在氧气充足的情况下，分解过程可以一直进行，直到物质被完全分解。腐烂的生物体内的碳化合物转化为二氧化碳和水蒸气。若缺失氧气，分解过程就无法继续进行，原物质中的大部分化学能就会残留在未完全分解的残留物中。这些富含能量的残留物以各种形式存在，被称为化石燃料，是人类文明的主要能源。

煤炭

煤炭是由沼泽环境中的植物残骸形成的，这些植物很可能是现已灭绝的巨型树蕨。植物死亡时，它们会被水、涝渍土壤、树叶和其他植物组成部分覆盖。腐烂的植被耗尽了水中的氧气，减缓了分解速度。更多的植物残骸产生了更多层腐烂植物，上层覆盖下层并隔绝了空气。数千年来，层层叠加的沉积物的重量逼出了腐烂的植物中的水和气体。这种局部分解逐渐产生了泥炭。泥炭是一种棕色多孔的有机物，仍包含可识别的植物组成部分，且其上覆盖着更多层植物残骸。更多的压力、热量和化学变化将泥炭转化为一种类似煤炭的软物质，即褐煤。通过进一步的埋藏，受压力和热量作用，褐煤转化成软煤，有时也转变成硬煤。在这样的无氧环境下，这些部分腐烂的有机物的产物保留了大量的化学能，并未分解成二氧化碳和水蒸气。

石油和天然气

石油和天然气像煤炭一样，是生物残骸在缺氧、受热受压的条件下形成的。煤炭主要由植物残骸形成，而石油和天然气由各种生物残骸形成，主要产生于沿海地区。洋底的沉积物含氧不多，因此各种生物残骸的分解较为缓慢。覆盖层施加了压力和热量，经过数百万年，一些叠加的沉积物转化为岩石，一些埋藏的有机物转化为液态石油和天然气。因为石油和天然气很轻，它们在水中不断上升，直到被岩石或其他不透水层困住。

大气中的碳

大气中含有约8 500亿吨碳，大部分以二氧化碳的形式存在。虽然8 500亿吨是一个巨大的数字，但与碳循环中的其他储库相比，这个数量并不算多。

碳主要是通过呼吸作用和燃烧进入大气的。海洋为碳进入大气提供了一个更慢、更小的途径。溶解的二氧化碳通过洋流在海水中穿梭。在地球上的一些地方（主要是在赤道附

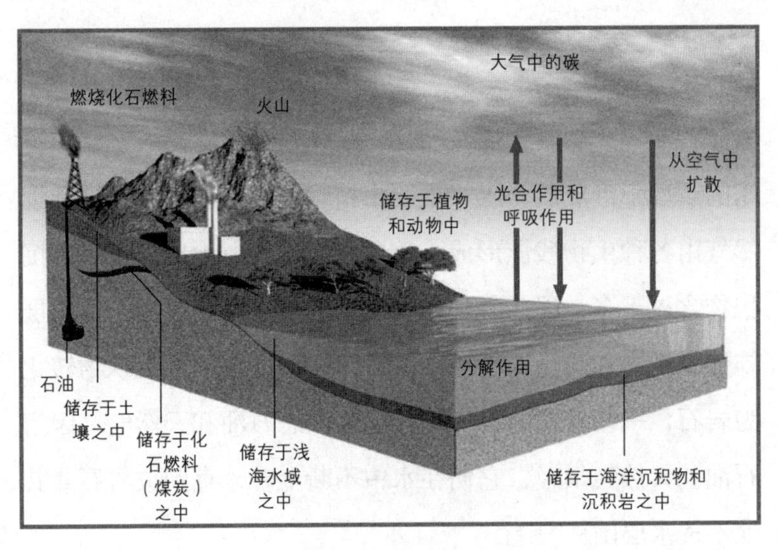

图5.2 碳循环

注：碳循环是指空气、水、土地和动物之间的碳交换。在碳循环中，碳原子的转移可能需要数百万年。

近地区），洋流把富含二氧化碳的冷水从海洋深处带到海面，太阳使海面的海水变暖，而这些温暖的表层海水自然地释放二氧化碳到大气中。

海洋中的碳

地球上的海洋含有大量的碳——大约39万亿吨，其中大部分以无机碳原子的形式存在，这种碳来自非生物。二氧化碳和碳酸氢根离子（HCO_3–）是海洋中两种主要的碳形态。溶解在海水中的二氧化碳分子发生化学反应并与氢结合，产生碳酸氢根离子。海洋中大约88%的无机碳由重碳酸盐离子组成。

二氧化碳和碳酸氢根离子共同影响海水的酸度（pH值）。pH值是液体中氢离子（H+）浓度的量度。二氧化碳与氢结合，会改变水中氢离子的数量，并改变pH值。

在某种程度上，海洋是碳在碳循环中暂时的休息场所。碳原子可以在海洋中停留几百年，再返回大气层，继续进行碳循环。

火

火参与地球上的碳循环过程。火通常会传播有害的碳基空气污染。烟主要由微小的碳颗粒组成。当森林或任何其他燃料源燃烧时，树木、植物和有机物中含有的一些碳转化为二氧化碳(CO_2)，但还有一些碳转化为空气中的碳或烟雾。自然发生的森林火灾将碳转移到地球大气中，是碳循环的重要组成部分，但为清理土地而进行的大规模人为火灾所释放的额外碳，使碳循环过程过度运转。人们为了农业发展大量燃烧热带雨林，使得大量的碳以烟雾和二氧化碳的形式排放到大气中。此外，这些重要热带森林的消失减少了空气中二氧化碳的清除和氧气的产生。

碳如何进入海洋

二氧化碳主要从大气进入海洋。二氧化碳溶解在北极和南极周围冰冷的地表水中，随着冷水下沉被带到海洋深处，留存数百年之久。因其储存碳的能力，海洋被称为碳汇。在最近几十年，海洋碳汇变得越来越重要，因为人类活动向大气中排放的二氧化碳越来越多，而其中大部分二氧化碳最终进入了海洋。美国国家航空航天局（National Aeronautics and Space Administration，NASA）称，近一半化石燃料燃烧排放的碳最终被封存在海洋中。

尽管海洋是天然碳汇，科学家仍在探讨如何利用海洋储存人类活动产生的过量碳。科学家们表示，如果二氧化碳能够被收集和储存，就可以将其注入深海长期储存。在这种情况下，二氧化碳要么溶解到海水中，要么形成巨大的水下二氧化碳湖。无论哪种方式，过量的碳在很长一段时间内都不会回到大气中。

碳如何离开海洋

二氧化碳主要从海洋与大气的交界处排出。温暖的地表水很容易将二氧化碳释放到大气中。当温暖的海水上升到地表（主要是在赤道附近地区）时，二氧化碳从水中被转移到空气中。正因如此，海洋既是碳循环的碳源，也是碳汇。

类似于陆地植物，进行光合作用的藻类（生活在海洋中的单细胞或多细胞生物）同样吸收溶解的二氧化碳，并将其用于合成碳水化合物，只是规模更小、速度更快。像陆地植物一样，这些藻类也释放氧气。尽管海洋生物吸收了大气中大量的二氧化碳，但其吸收总量仍远低于排放到大气中的二氧化碳总量。

陆地上的碳

陆地包括地表土、地下和海洋深处的岩石和沉积物，它包含了碳循环中大部分的碳。地表下的岩石含有大约65 000万亿吨碳；地表的土壤含有超过1.5万亿吨碳。在地下，大部分的碳存在于化石燃料——煤炭、石油和天然气之中。

在地表，大部分碳存在于岩石中，比如石灰石。石灰石由碳酸钙（$CaCO_3$）构成。石灰石可以在河流和道路的沉积物中找到，石灰石也是贝壳的主要成分。

地球的陆地碳库在长期的碳储存中起着重要的作用。事实上，它们储存碳的时间很长。例如，石灰岩中的碳可能会在陆地碳库中保存数千年。化石燃料中的碳可以储存数百万年。

虽然陆地在碳循环中拥有的活性碳原子最少，但它也拥有碳循环中最有经济价值的碳原子。长久以来，人类一直将陆地视为碳燃料的来源。由于陆地碳库对于人类来说是一种重要的资源，因而了解碳进入和离开地壳的方式十分重要。

碳如何进入陆地

碳以许多不同的方式进入陆地。大多数碳进入陆地的过程需要很长时间，并会产生大量的碳源。

大约45亿年前地球形成时，大部分的碳被吸收到遍布岩石的地球中。从那以后，地球的碳通过碳循环的不同环节进行了重新分配。今天，少量的碳通过生物残骸的分解进入土地。当生物死亡时，它的身体（以及其中所有的碳）最终会分解。经过数百万年，残骸中的一些碳化合物可能被埋在地下足够深的地方，受热量和压力作用转化为煤炭、石油或天然气。

碳排放量

由人类活动增加到大气中的大部分碳来自化石燃料的燃烧。在过去的50年里，人类活动每年产生的碳排放量稳步增加。

独立研究机构世界观察学会（World Watch Institute）的一份报告《2007—2008年的重要信号（环境）》显示，目前以亿吨为单位的碳排放量是20世纪50年代和60年代的四倍多，这在很大程度上是因为人口的增长和能源需求的增加。

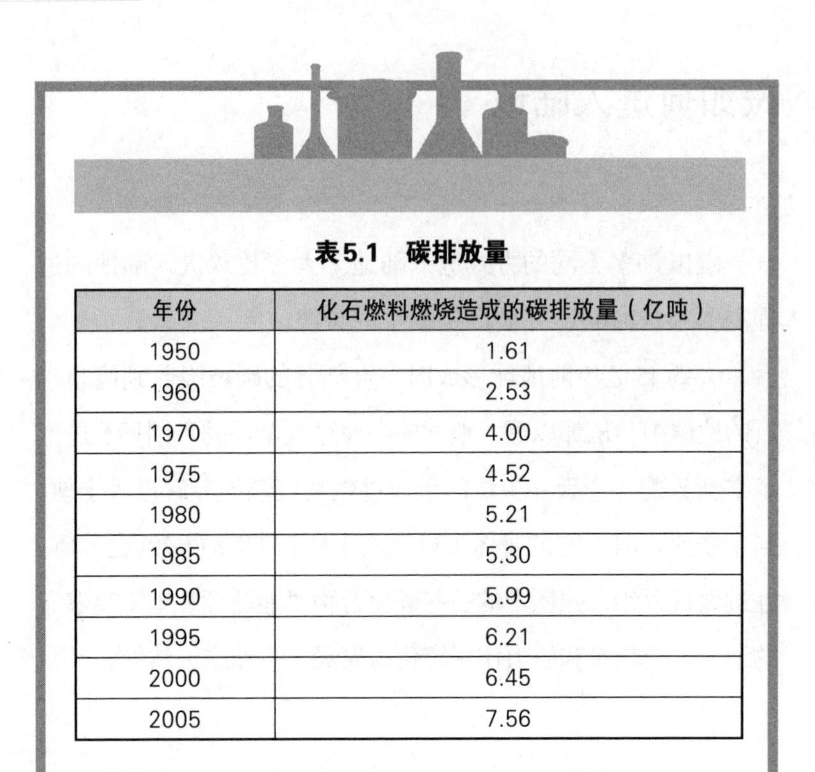

表5.1 碳排放量

年份	化石燃料燃烧造成的碳排放量（亿吨）
1950	1.61
1960	2.53
1970	4.00
1975	4.52
1980	5.21
1985	5.30
1990	5.99
1995	6.21
2000	6.45
2005	7.56

碳如何离开陆地

碳离开陆地的方式多种多样，有些是以自然的形式，而有些是人类活动的结果。然而，无论以哪种方式，碳离开陆地都不容易。

火山爆发和岩石风化是碳自然离开陆地的两种方式。火山喷发时会释放出含碳气体和岩石等物质，将碳从陆地转移到大气中。风化作用发生时，地表岩石中所含的碳也会被释放出来。

在人类活动中，采矿是碳排放的主要方式。人类经常从化石燃料中提取碳来作为能源。我们在高山开采煤炭，从地下抽取石油，从地下和海底收集天然气。目前，人类开采化石燃料的速度快于地球更新化石燃料的速度。

生物中的碳

地球上所有活着和死去的生物加起来大约含有2万亿吨碳。生物体中所有的细胞都是由碳化合物构成的，它们所包含的许多用于生命过程的分子也是碳化合物。

生物在碳循环中的作用主要是移动碳原子（而不是长期储存碳）。生物从大气、海洋和地球中吸收碳，并将其转化为新的形式，而其残骸会再回到海洋和陆地中。

了解碳如何进入和离开生物，仅是了解地球上的生命依赖碳程度的第一步。

碳如何进入和离开生物

生物体通过进食、呼吸和繁殖来转移碳原子，换句话说，就是通过活着来转移碳原子。在这些生命过程中，碳以一种形式进入生命体，又以另一种形式离开。例如，当人类进食时，碳就会进入人体。主要由碳元素构成的水果、蔬菜和肉类被分解，释放出人体所需的能量，还提供人体所需的营养。没有被身体细胞吸收的食物以废物的形式排出体外，包括呼出的二氧化碳。当生物体死亡时，它们的遗体会腐烂分解（最常见的是在土壤中）。较大的化合物分解所释放的营养物质也可以被其他生物体利用。二氧化碳和水蒸气也是腐烂的产物。

构建碳汇

碳汇是碳原子和碳分子的储库。地球有许多天然碳汇，它们是地球碳循环的一部分，包括海洋、冰原、森林和构成地壳一部分的岩石。但人类活动增加了大气中的碳含量，科学家们正在寻找更多的碳汇。

增加地球碳储存能力的方法之一是加强现有的天然碳汇。例如，根据美国国家环境保护局（U.S. Environmental Protection Agency，USEPA）的数据，森林已经吸收了美国大气中15%的碳。通过植树造林，未来人类可以提高地球吸收大气中的碳的能力。世界各地已经在小规模开展此类项目，以帮助抵消大气中的过量的碳。

同样，海洋吸收大气中的碳的能力也可以被增强。藻类、浮游生物和其他海洋生物像陆地上的绿色植物一样进行光合作用：吸收二氧化碳并释放氧气。事实上，我们呼吸的氧气有一半是由这些微生物产生的。促进海洋中浮游生物生长的实验已经完成，但还未落实为一种增加海洋碳汇的方法。

另一种提高地球碳储存能力的方法是创造新的人造碳汇，这些人造碳汇可以在人类活动产生的多余的碳进入大气之前将其捕获。排放的二氧化碳将被收集起来，放置在一个新的地方，以便长期、可控地储存。科学家们已经对两个新的碳汇地点进行了实验，一个在海洋深处，另一个在地表下。这两种方式都可以将碳注入到新的储库中进行长期储存。

在海洋实验中，科学家们将二氧化碳泵入深海，形成巨大的液态二氧化碳湖。最终，二氧化碳会溶解到周围的水中。然而，目前还不清楚增加的海洋碳量将如何影响海洋生物和海水的化学成分。

在地下实验中，科学家将二氧化碳注入地球深处。有些地下空间是洞穴或旧矿井，另一些则是曾经储存石油或天然气的空洞。几十年来，石油公司一直在实践这些储存方法，因为它们相对便宜、容易，而且还可以丰富现有的石油储量。但到目前为止，还没有公司或政府正式采用这种方法长期储存碳。

碳储库

地球碳循环中的每个碳储库都有各自的大小和储存时长。一些储库可以长时间储存大量碳，而另一些储库可以短时间储存少量碳。下表是各碳储库概览。

表5.2 碳储库

位置	碳含量（亿吨）	储存时长
地下岩石	65 000 000	数百万年
海洋	39 000	数百年
生物	1 900	分钟、日、一生
表层土壤	1 580	数千年
大气	750	数百年

碳循环小结

在碳循环的过程中，在大气中通常以二氧化碳形式存在的碳，被转移到构成生物、废物和残留物的生物分子中。大气中的碳与生物体的结合始于光合作用。当溶解于北极和南极的冰冷海水中时，一些二氧化碳也会被大气带走。

在呼吸作用的过程中，碳以二氧化碳的形态被释放到大气中。细菌和其他土壤生物对生物遗骸和废物的分解，也会向大气中释放二氧化碳。此外，二氧化碳也通过烧火和其他燃烧方式被释放到大气中，包括燃烧化石燃料和火山喷发。

一些分解作用释放的碳可能会被冲进河流和海洋。其中部分碳可能会被其他生物吸收，用于它们的生命过程。还有一些碳可能埋藏在沉积物中，经过很长一段时间后，被转化为化石燃料。碳化合物被埋藏和转化为化石燃料，破坏了光合作用和呼吸作用之间的平衡，因为这些过程使碳在很长一段时间内不参与碳循环。一些小型海洋生物的外壳沉入海底，在上覆沉积物的压力作用下转化成石灰岩时，这也导致部分碳长时间地被从循环中除去。当石灰岩风化时，石灰岩中的碳又回到循环中。

如果光合作用和呼吸作用完全平衡，那么由呼吸作用和其他过程产生的所有二氧化碳将被植物和其他进行光合作用

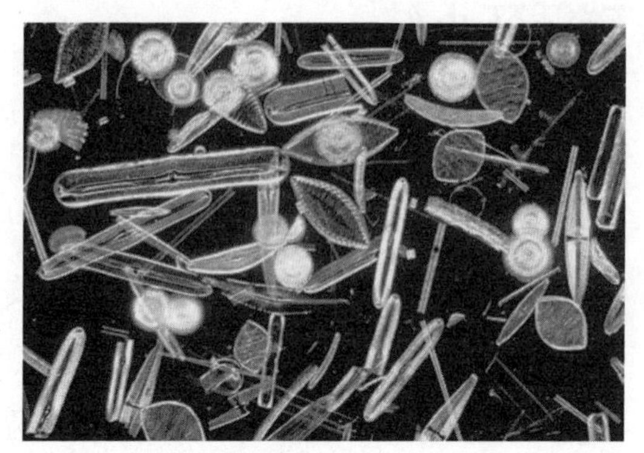

图5.3 浮游生物

注：浮游生物是漂浮在水体中的微小动植物。浮游生物种类繁多，它们是许多食物链的第一环。

的生物吸收；所有由光合作用产生的氧气都会被动物和其他使用氧气进行呼吸作用的有机体吸收。然而，事实并非如此。虽然大气中二氧化碳的浓度不到0.05%，但氧气的浓度却接近21%。大气中的过量氧气被埋藏的碳、沉积物和化石燃料中的有机物所抵消。

随着时间的推移，沉积物中的一些含碳物质由于侵蚀、风化和其他自然过程暴露在空气中。大量的含碳物质由于人类活动（如开采煤炭和挖油井）暴露于空气中。煤炭和石油燃烧时，二氧化碳又被排放到空气中。这有助于恢复光合作用与呼吸作用之间的平衡。然而，这对人类不利，因为人类生活离不开当前这种不平衡所造成的空气中的“过量”氧气。

无碳生命

地球上所有的生命都以碳元素为基础。这意味着地球上生物体的身体结构和参与生命过程的化学物质几乎都是碳化合物。但科学家和科幻小说爱好者一直在推测，在宇宙的其他地方可能存在基于其他元素的生命形式，尤其是硅。

科幻小说和电视节目创造了许多虚构的硅基生物，这引发了人们关于生命形式的争论。奥尔塔（Horta）可能是最著名的硅基生物之一，它首次出现在1967年的《星际迷航》系列中。这些智能的硅基生物看起来有点像烤焦的棉花糖，但它们智能地保卫了蛋卵免受毫不知情的人类入侵者的侵害。

硅的化学性质与碳相似。硅原子和碳原子一样，最外层有4个电子，这些电子可用于形成化学键。像碳一样，硅可以与其他四种元素结合，形成不同的化合物。有人认为，单凭这一点，硅就有可能构成生物分子的骨架。然而，更详细的研究对硅能否形成我们所知的构造或维持任何生命形式的必须结构提出了质疑。

碳可以形成双键和三键以及各种各样的结构，包括有分支的长链、没有分支的长链以及五元环和六元环。而硅形成不同结构的能力要受限得多，因为硅不太容易形成双键和三键。碳原子通常成千上万地结合在一起，而迄今为止在自然界中观察到的最大硅分子只包含6个硅原子。硅没有形成大型硅基结构的能力，因而硅基生命出现的可能性似乎不大，甚至是微乎其微。

硅化合物与碳化合物的“手性”也不同。许多具有重要生物学意义的碳化合物具有右手性和左手性结构（化合物中原子的连接方式），其中只有一种结构具有生物活性。另一方面，硅通常不

会表现出任何形式的手性。美国宇航局的科学家表示，因为生命非常依赖化学细节，所以硅基生命根本不可能存在。

与碳基生命相比，硅基生命的另一个缺点是宇宙中硅含量相对较低。虽然硅在地球上的含量实际上比碳多（硅是仅次于氧的第二丰富的元素），但在整个宇宙中，硅的含量要少得多。

最重要的是，关于硅基生命形式的猜测可能会成为很好的电视娱乐节目，但这不是真正的科学。美国宇航局天体生物学研究所的专家表示，硅基生命不太可能存在，原因有两个：首先，硅化学不像碳化学那样运作；其次，宇宙中硅含量很少。

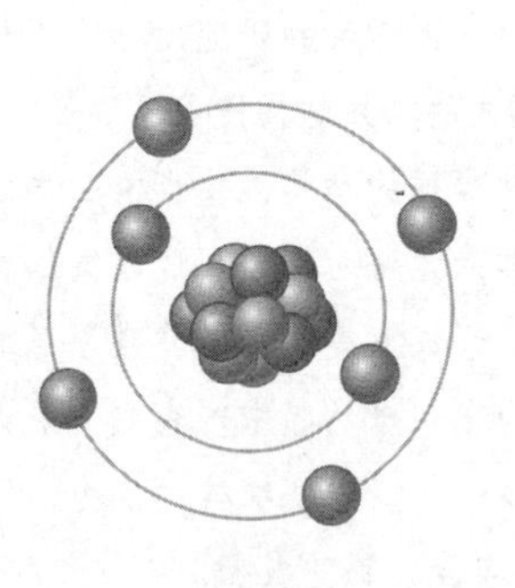

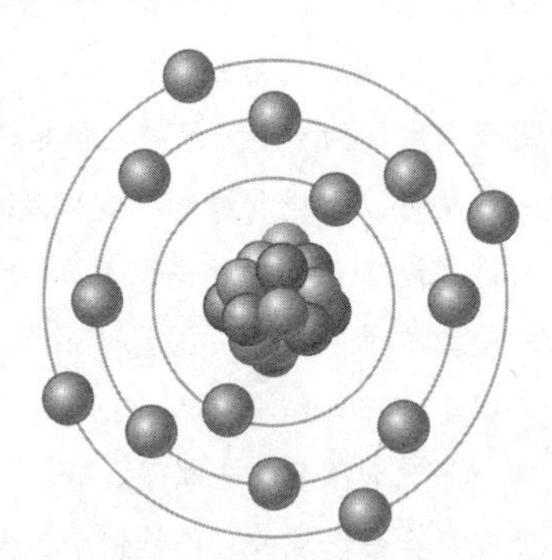

图5.4 碳原子结构比硅原子结构简单

大气与气候

地球气候的化学变化很复杂。没有人完全了解大气的化学成分和由此产生的气候之间的关系，但我们确实知道大气的化学成分——主要是碳——对地球的温度有直接的影响，其关键是弄清楚各种成分是如何相互作用并随着时间的推移形成地球的气候。

大气

现代地球的大气被认为与早期地球的大气大不相同。科学家们推测，地球最初的大气层由二氧化碳、水蒸气、氮和硫化氢、少量的氨和甲烷组成。这些气体因火山喷发而从地球内部被释放出来。在这一时期，地球温度非常高，熔化的地核被一层薄薄的固体地壳包围着。此时的大气中没有游离氧。

现代地球的大气层则大不相同。不考虑水蒸气含量的变化，它由大约78.1%的氮气、20.9%的氧气、0.93%的氩气和仅0.038%的二氧化碳组成。人们认为，氩来自于地球深处钾同位素的放射性衰变，通过地质事件被带到地表，并扩散到大气中。氩是一种稳定的元素，它不容易与其他元素发生反应或结合形成化合物，所以大气中氩的含量保持不变。如前所述，大气中高含量的氮可能是来自于地球形成时火山喷发释放的气体。

氮是地球上生命所必需的元素，因为它是氨基酸和蛋白质的组成部分。植物需要氮，有时还需要肥料来提供额外的氮。像碳一样，氮在大气、生物和土壤中被循环利用。大多数生物在生命过程中不能利用大气中的氮，而需要各种细菌将氮转化成可用的化合物。这些化合物被植物吸收，并在动物进食植物时传递给动物。在细菌的作用下，死去的动植物分解后，释放出游离氮到大气中。

在光合作用生物出现之前，大气中没有游离氧。随着进行光合作用的绿藻和植物数量的增加，氧气缓慢积累。

光合作用和呼吸作用有助于维持大气中氧气和二氧化碳的浓度。呼吸作用是碳水化合物（通常是葡萄糖）被分解以释放生命所需能量的过程。光合作用消耗二氧化碳并产生氧气。呼吸作用恰恰相反，它消耗氧气并产生二氧化碳。植物和藻类进行光合作用，而动物进行呼吸作用。光合作用生物

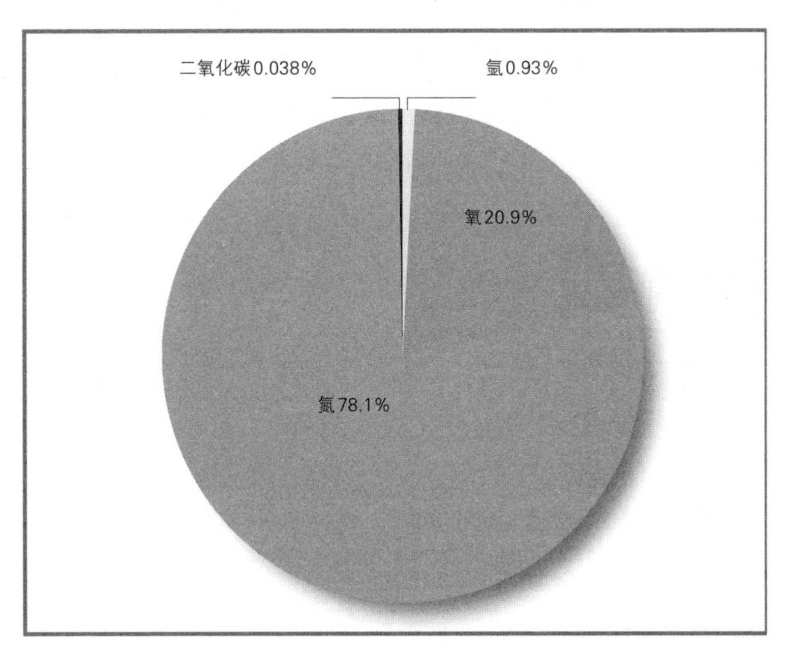

图6.1 地球大气中的四种主要气体

也进行呼吸作用，它们可以利用呼吸作用的产物（二氧化碳和水蒸气）进行光合作用，并利用光合作用的产物（葡萄糖和氧气）进行呼吸作用。在黑暗中不能进行光合作用时，植物可能会吸收氧气并释放二氧化碳。

总而言之，过去地球大气中二氧化碳和氧气的浓度和今天并不相同。地球大气中气体的含量随着地球上生命的进化而改变。随着光合作用生物的进化，它们有了从阳光中获取能量并利用太阳能将大气中的二氧化碳合成为碳水化合物的能力。作为光合作用的副产品，氧气的释放最终改变了大气的构成，使现代地球的大气中含有大约21%的氧气。

地球上的生命、大气中的二氧化碳和氧气含量、相对温和的气候（与其他行星相比）的共同进化使地球独一无二。地球大气中的二氧化碳含量比火星和金星要少得多。火星和金星这两个相邻的行星几乎是同时形成的，其大气层都含有95%以上的二氧化碳。在火星和金星，没有进行光合作用的生命形式来改变大气中二氧化碳的水平或产生氧气。

气候

地球的气候不同于地球的天气。天气包括每小时或每天变化的大气情况，如温度、降雨、风速或云量。而气候是一段时间内的天气，是世界范围内温度、降雨和云量等的长期模式或趋势，是一个几千年来全球视角下天气的平均状况。

所有行星的气候，包括地球，在很大程度上依赖于大气层的碳含量。近几十年来科学家们才意识到，地球大气中二氧化碳水平看似微小的变化会造成长期、巨大的气候变化。因此，许多研究（和研究经费）已投入于了解地球大气层的化学组成以及它如何影响过去和现在的气候条件当中。地球的气候并不总是保持不变的，大气层的碳含量也是如此。

地球过去的气候

科学家们了解到，随着时间的推移，地球大气中的二氧化碳含量已发生了变化。他们还了解到，随着时间的推移，地球的气候也已经发生了变化，有时是剧烈的变化。但这一切究竟是如何发生的尚不知晓。

地球的历史大约可分为五个时期，而在大部分时期，地球的大部分地区被冰覆盖。数百万年间，地球的气候都十分寒冷。地球南北两极的冰层逐渐覆盖了海洋，大气中的二氧化碳含量下降，这些时期被广泛称为冰河时代。在每一个主要的冰河时期，大气中的二氧化碳含量下降了约25%。大气中二氧化碳的减少与全球气候变冷同时发生，这是因为没有足够的二氧化碳来吸收来自太阳的热量并保持地表的温暖。

科学家们无法确定的是，在地球历史上的这些冰河时期，是什么首先导致了二氧化碳含量的下降。有些科学家认为，或许是光合作用太过成功，吸收了太多的二氧化碳，导致地球表面吸收的热量更少，从而使地球变冷。因此，虽然已知寒冷气候与大气中二氧化碳含量低同时出现，但原因尚不清楚。

地球目前的气候

地球上最后一次重大的冰河时期大约结束于12 000年前。今天，大多数科学家认为，人类仍处在冰河时期和间冰期的过渡期。间冰期是指冰期之间地球相对温暖的时期。但是，正如科学家们不能确定冰河时期开始的原因，他们也不能确定冰河时期结束的原因。我们只知道，当二氧化碳水平上升，地球开始变暖。

当前间冰期的演化不同于之前，因为人类正是在之前的间冰期进化的。在那个时期，人类学会了使用工具、使用

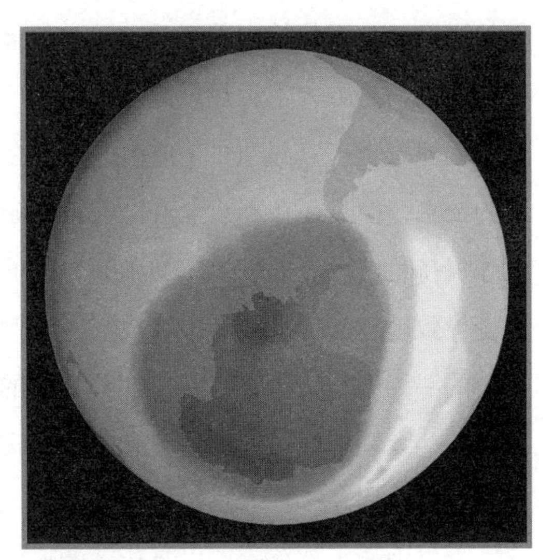

图6.2　在南极上空拍摄的臭氧空洞卫星图像

注：1998年10月1日，美国国家航空航天局在南极上空拍摄的臭氧空洞卫星图像。这个空洞大得惊人，很可能是由于大气中过量的氟氯氢破坏了臭氧层中的氧分子。

火、狩猎、聚居、控制周围的环境。通过这种进化，人类也开始以不同的方式参与碳的移动。人类学会点火和使用火时，便开始向大气中排放更多的二氧化碳。

气候和温室气体

二氧化碳只是导致地球变暖的气体之一。所谓的温室气体也包括甲烷、臭氧（O_3）、氮氧化物（N_2O）、水蒸气和氟氯氢（CFCs）。氟氯氢被用作冰箱和空调的冷却剂。它们被称为“温室”气体，是因为它们就像温室的玻璃，阻碍了热量的逃逸，从而保持内部温暖。温室气体将热量保持在接近地球表面的地方，不让热量进入上层大气。二氧化碳是最重要的温室气体。在过去的100年里，它在大气中的浓度增加了约25%，而且还在不断上升。在自然条件下，温室气体使地球保持足够的温度以供人类生活，因此，温室气体的减少也会导致地球表面的冷却，造成又一个问题。臭氧是高层大气中的一种温室气体，它阻止部分太阳的紫外线到达地球表面。这些太阳射线对人类皮肤和眼睛有害，因此臭氧起着重要的保护作用。

大气中的大部分碳以二氧化碳的形式存在，但碳也存在于其他的天然气中，包括一氧化碳和甲烷。合成气体，如氟氯烃，也是影响气候的碳基大气气体。

20世纪80年代，氯氟烃因破坏臭氧层而备受关注。氟氯烃是一种含氯和氟的合成烷烃。几十年来，它们被广泛用作制冷剂和推进剂（装在喷雾罐里），直至科学家意识到这些气体正在破坏地球的大气层，并可能改变地球的气候。

当氯氟烃被释放到大气中时，氯和氟原子很容易与一种自然存在的气体——臭氧发生反应，导致臭氧分子被破坏，从而不能吸收来自太阳的有害紫外线。这个化学过程造成了现在众所周知的臭氧空洞。臭氧空洞是一层稀薄的臭氧分子，无法有效阻挡太阳有害射线。自从20世纪70年代发现这个臭氧空洞以来，各国同意在全球范围内逐步停止生产氯氟烃。因此，大气中的氯氟烃含量下降了。尽管南极的“空洞”每年春天仍会形成，但它并没有继续扩大。

快速的气候变化

纽约哥伦比亚大学拉蒙特-多尔蒂地球观测站（LDEO）的研究人员正在研究气候突变的发生和原因。传统上，科学家们认为气候变化是一个缓慢的过程，需要数千年的时间。但研究地球气候历史的研究人员发现，全球气温变化可能非常突然——例如，10年内气温变化可达18°F（10°C）。气候变化过快导致人类社会没有足够的时间去适应。

越来越多的证据表明，这种突然的气候变化导致了过去人类文明的消失。例如，大约4 200年前，美索不达米亚（今天的伊拉克和伊朗西部）一个繁荣的文明突然消失了。研究人员称，一场突发的大面积干旱持续了约200年，这可能导致了文明的衰败。农作物歉收，农田被遗弃，人们搬到了能够找到食物的地方。

拉蒙特-多尔蒂地球观测站的研究人员表示，如果这种突然的气候变化今天发生在世界上的同一地区，其影响将比当地农业产量下降更为深远。由于当前的政治焦点集中在该地区，这样的事件可能会产生全球性的后果。

全球变暖

几十年来，科学家和政治家们一直在争论全球变暖这一概念，这一概念认为地球正在经历全球气温的上升。2007年，评估气候变化科学和风险的全球组织——联合国政府间气候变化专门委员会（Intergovernmental Panel on Climate Change，IPCC）表示，最近全球气温的上升极有可能是人类活动向大气中排放额外的二氧化碳的结果。该结论由来自40个不同国家的约600名研究者共同得出，并通过了100多个国家政府的审查。从那时起，来自世界各地的数千名科学家和顾问对这些数据进行了研究和讨论，并提出了旨在降低全球变暖有害影响的政策。

二氧化碳和气候变化

在过去的50亿年里，地球的温度发生了自然的变化：有时变冷，有时变热。例如，大约一万年前，地球北部的大部分地区被冰层覆盖，但这个寒冷的时期只是地球漫长历史中的一段。纵观地球历史，大气中二氧化碳的含量一直在波动。当大气中的二氧化碳含量改变时，地球的温度也随之改变。在大气中二氧化碳含量高的时期，地球通常是温暖的，而大气中二氧化碳含量低的时期，地球通常是寒冷的。

科学家了解过去二氧化碳水平的方法之一是分析冰芯。冰芯是一管冰，包含被困雪中和冰层中的气泡，通常被从冰川或冰原中钻出。每一层雪和冰大约代表一年。冰层越深，冰的样本就越老。从地球上某地冰层每一层的大小和化学成

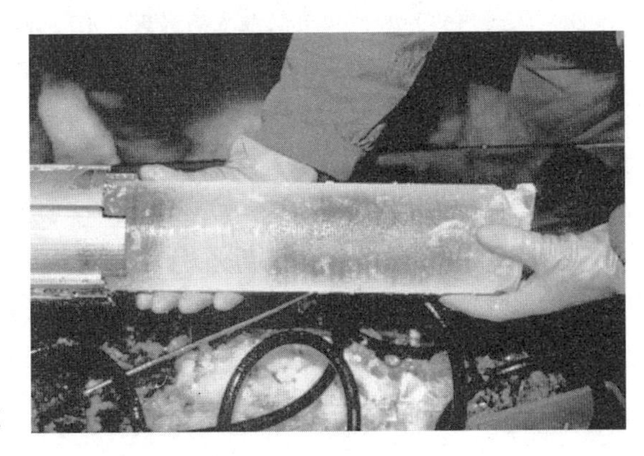

图7.1　冰芯

分，科学家们可以推算出该地的历史温度。与此同时，每一冰层保存的气泡中都含有当时大气中二氧化碳含量的指标。

通过测量气泡中的二氧化碳含量，并将其与当时已知的温度进行比较，科学家们得出结论：大气中碳含量过高会导致地球气温升高。改变全球气温需要多少碳，大气中二氧化碳含量增加导致全球气温变化的速度有多快，以及这对地球上的人类究竟意味着什么，这些问题目前尚无定论。

阿拉斯加破纪录的大火

2004年夏天，将近600万英亩（约2428.12平方千米）的阿拉斯加森林和荒野被大火吞噬，这个面积相当于整个佛蒙特州的大小，这是阿拉斯加州历史上最大的火灾。消防资源耗尽，天气条件也不利于救援，很多居民刚出门就被烟熏得不舒服。

夏天一开始，大火就开始了。美国国家联合消防中心称，6月14日和15日，约有1.7万道闪电击中阿拉斯加州，引发了数百起火灾。这些或大或小的火灾在接下来的三个月里继续燃烧和蔓延。截至9月，大约有700起不同的火灾被记录在案。

尽管地方和国家消防队一直在全力灭火，但直到秋季天气发生变化，大火才真正结束。破纪录的大火伴随着破纪录的炎热和

干燥气候，这也许不是巧合。

阿拉斯加大学费尔班克斯分校（UAF）的气候专家表示，全州的气温比平时高出3.4°F到5°F（2°C到3°C），这是该州许多地方有记录以来最热的夏天。与此同时，天气异常干燥。总的来说，UAF专家估计，在2004年夏天阿拉斯加州少了大约两周的雨天。这些异常温暖干燥的环境使得大火轻易迅速蔓延。

幸运的是，真正的大火没有蔓延到阿拉斯加的任何主要城市，但烟雾却到达了。该州第二大城市费尔班克斯的居民报告说，他们在家和办公室的走廊上都看到了烟雾。时不时有大量烟雾挡住了太阳。州卫生官员要求人们不要外出。不要锻炼身体以避免吸入额外的烟雾。

即使在今天，费尔班克斯仍然遭受着野火造成的碳基空气污染。美国肺脏协会最近发布了一份报告，将费尔班克斯正式列为美国25个污染最严重的都会区之一，排名第21位，主要是因为野火的烟雾。该排名正式将费尔班克斯的空气质量与底特律、匹兹堡、克利夫兰和洛杉矶等城市列在了一起。

图7.2　阿拉斯加某森林肆虐的火灾

碳源

碳源产生新的碳或将碳从一种形式转变成另一种形式。恒星是新产生的碳原子的唯一自然来源。通常，碳源是指人类将一种碳转化为另一种碳的活动，包括工业和汽车燃烧化石燃料。在这一过程中，化石燃料的燃烧不断地产生新形态的大气碳。化石燃料由碳氢化合物构成。燃烧时，这些碳氢化合物化学形态会改变，以碳基气体的形态进入大气。通过这种方式，化石燃料的燃烧成为大气碳的主要来源。

发电厂和工厂为工业用途燃烧化石燃料，是人为产生的大气碳的最大来源。汽车排放的废气——仅仅是驾驶汽车的废气——是另一个主要来源，但排放量要小得多。赤道附近热带雨林的燃烧是大气中二氧化碳的另一个主要来源。（烧荒主要是为了开垦土地用于农业生产。）总之，这些碳源引起了人们当前和未来的担忧。

美国国家环境保护局表示，在美国，释放到大气中的碳基气体约90%来自化石燃料的燃烧。大量的碳基气体造成了两个不良影响：第一，它们增加了大气中温室气体的含量（导致全球变暖）；第二，它们污染了地球表面附近的空气（制造雾霾）。为了帮助降低这些不良影响，美国的汽车和工业废气排放目前都由联邦政府监管。

美国联邦政府对碳排放的监管始于1963年的《清洁空气法》(*Clean Air Act*)，这是一部旨在规范雾霾和空气污染监测的国家性法律，旨在保护公众免受空气污染的侵害。该法案于1966年、1970年、1977年和1990年进行了修订，以适应工业的变化。在未来，该法案肯定会再次调整，以适应不断变化的污染水平、工业发展水平以及人们科学认识的变化。

20世纪70年代以来，美国国家环境保护局对汽车的排放标准变得更加严格，并催生了新的污染控制技术。催化转化器、新的汽油成分、监控发动机性能和调节燃烧的车载计算机都是技术发展的例子，这些技术发展有助于检测和降低碳排放。

减少汽车碳排放的尝试之一是开发油电混合动力汽车。混合动力汽车使用两种能源：传统的化石燃料发动机和储存

图7.3　正在充电的混合动力汽车

电能的电池。混合动力汽车可以燃烧化石燃料、使用传统引擎，也可以在其他时候使用清洁电力。由于混合动力汽车部分依靠电力运行，它排放的二氧化碳和其他污染物要少得多。

全球变暖的影响

科学家一致认为，全球变暖影响广泛。全球变暖将导致的变化有利有弊。例如，温度升高可能使一些地区能够种植新作物。然而，在昆虫或病原体曾因寒冷而无法生存的地区，气候变暖也可能使新昆虫入侵，甚至引发新的人类疾病。一些地区的气候变化可能导致条件变得不再适合现有的农业或某些活动。例如，法国气候变暖可能使它不再适合种植酿酒葡萄，冰川融化和积雪减少也有可能使瑞士不再适合滑雪。

随着地球表面的变暖，另一个可能出现的问题是：由于极地冰川的融化，海平面可能上升。北极和南极的冰正在迅速融化，冰川正在以惊人的速度消失，由此导致的冰层融化使海平面上升。海岸线上有许多人口稠密的地区，它们的海拔高度不到1米。到21世纪末，许多此类地区可能被洪水淹没，导致成千上万人流离失所。

最后，全球变暖可能导致更多极端天气现象，如飓风和龙卷风的频次更多、强度更强，一些地区遭受的洪水次数更多，而某些地区遭受更多的干旱。这些问题以不同的方式影响每个人，而大气中不断上升的碳含量可能是罪魁祸首。

京都议定书

全球减少碳排放的努力始于2005年的《京都议定书》。该议定书是一项联合国协议，旨在减少二氧化碳和其他温室气体的排放。联合国的部分作用是制定国际法和安全条例。截至2007年11月，已有174个国家签署了《京都议定书》，并承诺按照议定书中详细规定的时间表减少碳排放。

《京都议定书》的总体目标是大幅减少并稳定大气中额外碳的产生，而不是完全停止碳排放。为此，议定书对每个国家可以排放的温室气体量设定了限制或上限，并允许各国之间进行碳排放信用额交易。因此，如果某国的碳排放量没有达到议定书允许的水平，它可以将其排放信用额出售给另一个国家，那么后者的碳排放量可以超过议定书允许的水平。《京都议定书》关注的不是哪个国家排放二氧化碳，而是碳污染排放总量。

大多数发达国家将不得不大幅减少碳排放，以满足《京都议定书》规定的排放上限。在2008年至2012年期间，发达国家平均必须在1990年的水平上减少至少5%的碳排放量，以满足议定书

的条款。减少碳排放量并不容易实现，因为这可能花费高昂，也因为它可能要求人们在旅行、家庭供暖和制冷以及其他个人偏好方面做出改变。作为主要污染者的行业都必须变革。与此同时，发展中国家对电力、汽车的需求不断增加，并且产生污染的工业过程不断增多，这都增加了大气碳排放量。

碳排放量排名第一的美国没有签署《京都议定书》。在美国，克林顿政府从未就此采取行动，布什政府也不支持某些条款。《京都议定书》的未来就像大气碳的未来一样尚不明晰。

碳和能量

化石燃料由深埋在地下或水下的动植物残骸形成。经过漫长的时间，压力和热量将残骸转化为化石燃料——煤炭、石油和天然气。

碳氢化合物种类繁多，但它们都可以燃烧。当碳氢化合物燃烧时，其碳氢键断裂并以热和光的形式释放能量。人类已经学会利用由此产生的热量来供暖和驱动引擎。

煤炭

煤炭是一种不纯的岩石，由碳氢化合物的长链构成，通常呈黑色和白色，往往含有少量的其他元素。煤炭作为一种能源的主要优势是它的可用性。煤矿最早是在靠近地球表面处被发现的。这些矿藏很容易开采，因而煤炭是人类最早使用的化石燃料之一。因为煤炭被用作燃料已经很长时间，容易开采的矿藏已经被开采殆尽，现在可利用的煤炭来自越来越深的煤矿。

2012年，全球煤炭产量约为78.31亿吨。中国是世界上最大的产煤国，美国是第二大产煤国，因为在阿巴拉契亚山脉、落基山脉西部和得克萨斯州都有大量的煤矿。

美国能源部（U. S. Department of Energy，DOE）指出，美国燃烧的煤炭中约有93%用于发电，其余的能量为生产钢铁、水泥和纸张的工厂提供动力。

尽管目前人们有可用的煤炭且正在使用煤炭，煤炭还没有像其他化石燃料那样得到广泛使用。煤炭的主要缺点是燃烧不干净。它通常含有微量的其他元素，包括汞、砷和硫。煤炭燃烧时，会向空气中释放这些有毒物质。

随着时间的推移，煤炭污染在环境中累积。例如，煤炭燃烧时释放的汞会在水中沉淀，并在鱼类和贝类体内积聚。

当人类和其他动物食用这些鱼类和贝类时，就会摄入有害的汞。2008年，纽约一家高档餐厅供应的蓝鳍金枪鱼被发现含有多得令人无法接受的汞。这些金枪鱼以海洋中的小生物为食，而当这些小生物体内含有汞时，有毒元素就会积聚在金枪鱼的体内。

美国国家环境保护局已经对燃煤工厂的汞排放做出了严格的限制。因此，在燃烧煤炭之前，有时会对其所含的其他元素进行净化，以减少产生的污染。科学家们目前正在研究新技术，以防止煤炭燃烧排放有害物质。

酸雨

电厂燃烧“脏”煤引起的问题之一是酸雨，酸雨指的是pH值低且具有强酸性的雨或其他形式的降水。酸雨最早在19世纪中期被提出，但直到大约100年后，当人们开始注意到枯树和没有生命的湖泊时，酸雨才成为一个真正的问题。

当含硫煤燃烧释放大量的二氧化硫（SO_2）进入大气中时，酸雨就产生了。烟雾中还存在各种氮化合物，它们也会导致酸雨。在经过一系列的化学反应后，这些物质转化为硫酸（H_2SO_4）和硝酸（HNO_3），这两种物质都是强酸。这些酸溶于水，并以雨或其他形式的降水落到地球上。它们也可以直接沉积在地面、植物或建筑物上。

酸雨对湖泊、溪流、森林和各种建筑物的影响肉眼可见。pH值低的雨水会杀死鱼卵、鱼和许多其他生活在湖泊和溪流中的生物。在森林里，酸可以杀死树叶和针叶。酸雨通过耗尽土壤的养分来破坏土壤，从而阻碍植物的生长。酸雨还会侵蚀大楼和其他建筑物的表面，尤其是大理石和其他含钙石材建成的建筑物对酸雨特别敏感。

随着燃煤电厂烟囱气体去硫技术的引入，酸雨已经减少了。然而，硫存在于其他化石燃料中，并通过汽车、卡车和公共汽车的废气进入大气。酸雨仍是空气的污染问题之一。

清洁煤技术

近年来，“清洁煤”技术受到了政治和环境方面的广泛关注。煤炭是一种廉价且相对容易获得的能源，但其燃烧产生的烟雾造成了大量的空气污染和酸雨。

“清洁煤”的概念是基于这样一种想法，即煤炭在用作燃料之前，可以通过选择性燃烧或清洗来清除其有毒成分，从而减少燃烧过程中排放的污染物。剩下的污染物可以被收集和储存，而不是排放到环境中。

如果清洁煤技术能够在工业上得到广泛应用，那么它将对环境产生巨大的影响。根据美国能源部的说法，乔治·W.布什（George W. Bush）总统在2001年提出的“清洁煤发电计划”（Clean Coal Power Initiative）将有助于“到2018年，将发电厂的硫、氮和汞污染物减少近70%”。2010年，美国总统贝拉克·奥巴马（Barack Obama）为进一步支持这一倡议，创建了碳捕获和存储跨部门工作组（Interagency Task Force on Carbon Capture and Storage），目标是加快清洁煤技术的发展和实施。

该计划为开发新的清洁煤技术提供政府资助，以帮助工业减少煤炭燃烧排放。目前，新技术和新项目仍在开发中，但这些努力的结果尚不清楚。有些评论家认为，这一举措只是一个精心策划的名义上的尝试，目的是让煤炭行业继续运营，但很少有环保人士愿意公开表示不支持“清洁煤”的概念。只有未来才能告诉我们，燃烧清洁煤是否真的可行。

石油

石油是一种碳链长度中等的碳氢化合物（比煤炭中碳氢化合物的碳链短，但比天然气中碳氢化合物的碳链长）的液态混合物。它通常呈黑色或深褐色，有一种强烈的气味。石油的具体成分不同，其特性有很大的不同。

石油是死去的动植物被埋在大面积的水和岩石下形成的。经过数百万年，热量和压力把这些碳基物质变成了石油。

通过在地球深处钻洞并将石油泵送到地面，可从土地中提取石油。根据美国能源部的数据，世界上最大的五个石油生产国是沙特阿拉伯、美国、俄罗斯、中国和加拿大。

石油作为化石燃料的主要优点是它的通用性。美国能源部指出，一桶约159升的石油实际上可以生产约167升的可用石油产品。就像做爆米花一样，加工原油实际上会让它的量变得更多。加工过的石油可用作汽车的汽油、卡车的柴油、飞机的喷气燃料和锅炉的燃料油。石油也是许多其他产品的成分，如除臭剂、墨水、蜡笔和泡泡糖。在美国，大部分的加工石油被用作汽油。

石油的主要缺点是它对周围空气、土地、水和野生动物的影响。从陆地和海洋中提取石油可能会很麻烦。在陆地上，大型的、侵入性的石油钻探会干扰当地的野生动物，破坏景观。管道破裂导致的石油泄露有时会污染土地。许多石油钻探都在海洋中，而石油泄漏会伤害或杀死海洋生物。开采石油的过程引发了许多政治和环境方面的争论。

燃烧石油，像燃烧任何化石燃料一样，会向大气中释放额外的二氧化碳和其他污染物。一般来说，石油比煤炭更清洁，但美国能源部指出，目前许多环保法律的目的是减少燃烧石油造成的污染。科学家们正在研究如何在石油燃烧前去除污染物，从而减少污染物排放。

天然气

天然气是澄清、无嗅、无味的气体，由非常短和简单的碳氢化合物构成，主要成分是甲烷。美国能源部的数据显示，美国一半以上的房屋用天然气供暖。天然气也用于家庭燃料炉、热水器和烘干机。在工业中，天然气是油漆、塑料、肥料和药品中的常见原料。在配气之前，要在天然气中加入一种硫化合物，使天然气有一种独特的、难闻的气味。这是一个安全预防措施，旨在能够迅速检测泄漏，因为天然气泄漏可能致命。

天然气的主要优点是它的清洁性，燃烧时只产生二氧化碳和水。在所有的化石燃料中，天然气被认为是最清洁的能源。它燃烧时释放的硫、碳和氮比煤炭和石油少，几乎没有留下固体灰烬颗粒。

和石油一样，天然气来自于被埋在水和岩石层下死去的动植物。在数百万年的时间里，热量和压力将碳基生命形态转化为天然气。通过对周围岩石的研究，科学家可以确定天然气在地下深处的沉积位置，但是获取和储存天然气并不容易。

为了开采天然气，人们在地下深处钻洞，然后插入巨大的管道。一旦找到天然气矿床，天然气就会沿着管道向上流动，并在加工厂被处理。其他气体，如丁烷和丙烷，是从甲烷中分离出来的。

大部分在美国开采的天然气也在美国被使用。美国也同样进口天然气。这些天然气以液化天然气（LNG）的形式，用巨大的双壳油轮运输。输送的天然气被冷却到–162°C，这将使其体积减少到原来的六百分之一。在最终目的地，冷凝的天然气加热后膨胀，从油轮卸载输送到近海码头的管道中。

由于美国对天然气的需求不断增长，有人提议建造许多液化天然气运输船的码头。然而，由于天然气极度易燃易爆，而且油轮十分之大（相当于3个足球场），在建造这些码头之前，还有许多环境和安全问题需要解决。

碳足迹

“碳足迹”一词是指人以温室气体排放量来衡量人类活动对环境的影响。在很大程度上，二氧化碳和其他温室气体的排放与化石燃料的燃烧有关。为了简化对碳足迹问题的讨论，人类产生的不同温室气体（如甲烷和水蒸气）的排放量被转换成等量的二氧化碳。

一个人的碳足迹是他/她在一年内直接或间接排放或产生的温室气体总量。碳足迹包括开车和其他旅行形式所排放的二氧化碳量、家庭取暖和制冷所产生的碳排放量，以及直接或间接产生温室气体的任何其他活动。在一年中购买的各

表8.1 你的碳足迹：二氧化碳排放量

使用的能源	产生的二氧化碳
运行电脑24小时	0.8千克
生产2个塑料瓶	1千克
生产5个塑料袋	1千克
生产1个芝士汉堡	3.1千克
开车8千米	1.3千克
乘坐公共汽车8千米	0.8千克
飞行1 600千米	726千克

种商品的生产过程都会排放二氧化碳，因此，这些商品也算入个人的碳足迹。一个人使用的电量也是如此，因为可能是用化石燃料来发电的。

由碳足迹衍生的另一个概念是“抵消”。碳足迹可以通过某些行动来抵消，从而消除大气中产生的二氧化碳。这些行动包括植树，推广某种形式的清洁、可再生能源以减少化石燃料的燃烧。

公司和个人都有碳足迹，《京都议定书》规定了这些足迹的大小，以管理温室气体的排放。对于已批准该议定书的国家来说，减少温室气体排放的目标具有法律约束力，议定书的某些方面是强制性的，有些方面则是自愿的。为了增加规定的灵活性，公司可以交易温室气体排放权，也就是说，污染较少的公司可以将未使用的排放额度出售给污染较多的公司。该议定书还侧重于开发清洁技术，以减少一些公司的碳足迹。

未来的能源来源

美国能源情报署（U. S. Energy Information Adnninistration，EIA）称，世界能源消耗正在迅速增加，预测到2040年，全

球能源消耗将比2010年增长56%以上。这一结果主要是基于对人口增长及其能源需求的预测。

难以预测的是这些能源将从何而来。化石燃料供应有限、燃烧化石燃料导致大气中二氧化碳增加是两个主要问题。美国能源情报署预测，未来最大的能源来源将是化石燃料，核能和可再生能源则排在最后。

核电站可用于发电。目前，全世界有400多座核电站在运行，其中大约100个在美国，200个在欧洲。核能的优点是不像燃烧化石燃料那样排放碳基污染物。然而，其缺点是会产生核废料。有些核废料在几天或几个月内很快就会衰变，但有些则需要数千年或数万年才能衰变。高放射性污染物，特别是以废燃料形式存在的污染物，必须安全储存数千年、数万年甚至数百万年。几十年来，科学家们一直在努力寻找一种安全稳定的方法来储存这种物质，但目前为止还没有找到解决办法。在有关废料储存的问题得到解决之前，核能的使用不太可能迅速推广。然而，目前人们正在讨论建造新的核电站，作为减少二氧化碳排放的方法之一。

可再生能源包括太阳能、风能、潮汐能和波浪能。今天，这些技术在世界上的一些地方被小规模使用。利用水流流动能量的水力发电被最广泛地使用，其发电量约占全球的19%。风力发电约占世界总发电量的1%。在一些欧洲国家，包括丹麦和西班牙，风力发电所占的比例高得多。太阳能往往使用于家庭，可以用来提供电力、热水和热量。太阳能在阳光充足的地区更有用，就像风能在多风地区更普遍一样。尽管这些可再生资源带来了诸多好处，但也并非完全没有负面影响：人们开始关注水电大坝建设对环境造成的破坏，风力发电场也对野生动物构成了潜在威胁。

可再生能源的优点是几乎不会产生污染，而且用之不竭；缺点是它们的可靠性不足。没有阳光和风，设备就不会产生能量。为了获得可靠的能源供应，必须有某种备用能源系统。只要人类还能找到以碳为基础的化石燃料作为能源，其他能源就不太可能占据主导地位。

碳产品

许多工业产品都是碳基产品，包括药品、炸药和肥皂。其中一些产品是碳基聚合物，碳基聚合物可以是天然或合成的。有机聚合物主要由碳和氢的长链组成，也可能有其他元素存在，包括氧、氯、氮和硅。有机聚合物是由化石燃料中的碳化合物形成的，用于制造我们每天使用的各种合成产品。塑料、药物、肥皂、聚酯、炸药和铁氟龙（Teflon）是常见的碳基产品。

图9.1 碳聚合物制成的产品

表9.1 有机聚合物和合成聚合物

有机聚合物	主要成分
羊毛	蛋白质
头发	蛋白质
毛皮	蛋白质
丝绸	蛋白质
棉花	碳水化合物
淀粉	碳水化合物
乳胶	烯烃
麻	碳水化合物
亚麻	碳水化合物
合成聚合物	**主要成分**
尼龙	氨基化合物（氮化合物）
人造丝	碳水化合物
塑料	不同的形式
氯丁橡胶	烯烃
橡胶	烯烃

数据来源：曼尼恩·A.M.碳以及碳的家化［M］.荷兰：施普林格出版社，2006：47.

塑料

塑料是由化石燃料中发现的各种碳氢化合物制成的聚合物。不同类型的塑料在其聚合物中具有不同的成分，但是几乎所有塑料都是由氢和其他元素结合的碳原子链构成的。

许多用于制造塑料的聚合物有两个独特的特点：颜色透明、可以反复熔化铸成新产品。塑料的透明度在许多产品中都很重要。食品包装、饮料瓶、车前灯和隐形眼镜都是由透明塑料制成的。塑料可以被熔化并塑成新产品，这使得它们适合被回收利用。

药品

许多药物都是复杂的碳基化合物。其中一些药物是在植物中发现的，尤其是在热带雨林地区，那里的植物种类繁多。这些植物有时含有独特的有机化合物，可以研制成治疗严重疾病（如癌症）的重要药物。通常，这些地区的原住民都知道植物的药用特性，并用它们来治疗各种疾病。

寻找新药的制药公司和研究人员收集植物样本，以便分析它们，寻找可能有用的化合物。例如，西红豆杉含有一种叫作紫杉醇（Taxol）的化合物，它已被证明是一种治疗多种癌症的极好的药物。有效药物的潜在损失是反对为了清理土地而燃烧雨林的一个理由（空气污染和全球变暖是另一个理由）。

肥皂和洗涤剂

肥皂和洗涤剂是清洁剂。洗涤剂由碳原子和氢原子的长链与SO_3-基团键合而成。肥皂由长链脂肪酸和钠或某种其他金属制成。过去，制造肥皂的碳化合物是从动物或植物脂肪中提取的。

传说，古罗马人在河里洗衣服时发现了肥皂。他们注意到，他们在河流的某些区域清洗衣服时，衣服变得更干净了，这些区域主要是靠近动物祭祀地的区域。显然，被用来祭祀的动物身上的脂肪冲到河里，并意外制成了肥皂水，这对洗衣服很有帮助。

聚酯

聚酯是一种碳基聚合物，用于制造各种各样的产品，例如涤纶、聚酯薄膜、塑料瓶和用于电脑和其他电子设备的绝缘层。耐压服装的抗皱特性归功于织物中的聚酯纤维。

化学上，涤纶和聚酯是一种聚合物，由一种叫作对苯二甲酸二甲酯的环状结构和乙二醇（$HO-CH_2CH_2-OH$）构成。这种聚合物被称为聚对苯二甲酸乙二醇酯（PET）。涤纶纤维用于轮胎和织物，甚至用于修复血管。聚酯薄膜用于磁带。在20世纪60年代，聚酯薄膜用在了被送入地球轨道的巨大气球中。苏打水塑料容器由PET制成。

硝酸甘油

硝酸甘油（$C_3H_5N_3O_9$）是一种用于炸药的高能、高爆炸性化合物。每个硝酸甘油分子包含三个碳原子，它们分别与氢原子、氧原子和氮原子相连。19世纪60年代，阿尔弗雷德·诺贝尔（Alfred Nobel）在他的实验室里发现了这种化合物的爆炸威力。不幸的是，他的兄弟和几个同事在这个过程中意外身亡。诺贝尔凭借其爆炸性发现所带来的财富创立了诺贝尔奖基金会。

硝酸甘油还广泛用于医学领域，用于扩大心血管，以缓解心绞痛。

铁氟龙

特氟龙是聚四氟乙烯（PTFE）的商标名。一个PTFE分子包含两个碳原子和四个氟原子。许多PTFE分子可以形成称为氟聚合物的聚合物链。

氟聚合物能够承受适度的高温，是已知的最光滑的固体之一。因此，特氟龙常被用作不粘涂层、子弹外壳和防水织物。

碳的新用途

科学家们继续探索新形式的碳来作为新产品的原材料。探索这些新发现形式的研究中，最有趣的领域之一是纳米技术。纳米技术是对尺寸非常小的材料（通常短于1微米）的科学研究和应用。

一些科学家正在寻找富勒烯的用途。富勒烯是大量的碳原子以特定的、稳定的形状紧密结合在一起的物质。巴克敏斯特富勒烯［buckminsterfullerene，简称巴克球（buckyball）］，是最简单的富勒烯，看起来像一个微型足球。巴克球是由60个碳原子化学结合而成的。碳纳米管是富勒烯的另一种形式，是由碳原子连接在一起的圆柱形管。纳米管的长度可达半米或更长。纳米管的强度是钢的几倍，但纳米管的重量要轻得多。富勒烯可以在化学实验室合成，也可以在自然界中找到。例如，煤烟含有大量的巴克球。

直到20世纪80年代中期，才有人知道富勒烯的存在。随着科学家对这些不同寻常的碳元素的了解越来越多，他们意识到富勒烯有很多独特的性质。富勒烯耐高温，而且很坚硬。事实上，科学家已经发现，富勒烯比金刚石更坚硬。

由于富勒烯具有很高的耐热性、强度和稳定性，它们有可能成为各种产品的原材料。富勒烯可用于制作基础的装甲、医疗用品、计算机部件，甚至是漫游地球的纳米机器人都在被考虑和研究之中。

纳米化学杀手？

图9.2　一个小球状分子，也被称为富勒烯

碳基纳米级化学物质——小于三十亿分之一英尺（十亿分之一米）大小的物质——目前正被广泛研究和使用。它们被添加到从化妆品到汽车润滑油的所有产品中，以改善产品的性能。但是一些科学家担心这些新的纳米产品可能会对环境造成影响。由于纳米产品被添加到许多产品中，科学家们已经开始研究当这些纳米物质从产品中渗出并在环境中积累时会发生什么。到目前为止，研究结果好坏参半。

纳米产品的早期实验室研究产生了一些可怕的结果。在《科学美国人》的文章《土壤可能会抵消巴基球的危险》中，作者J. R. 明克尔（J. R. Minkel）报道了一个研究项目，该项目发现巴克球很容易杀死实验室培养皿中的大量细菌。这一结果让科学家们怀疑，小尺寸的巴克球和其他碳基纳米产品是否会对生物构成威胁。他们认为，极小尺寸的巴克球可以让碳基纳米产品进入活细胞并造成问题。

在另一项研究中，研究人员将巴克球添加到含有健康细菌的土壤中。180天后，科学家们分析了土壤，发现巴克球对土壤细菌没有任何影响。他们推测，带负电荷的巴克球被土壤中各种带正电荷的物质所吸引，因而没有进入细菌细胞。

虽然这项最近的研究结果令人欣慰，但有关纳米产品污染如何影响环境和生命的研究不会结束。科学家们将继续研究碳基巴克球和纳米管的影响，以及其他不含碳的纳米技术创新。

附录一　元素周期表

3 Li 锂 6.941

- 3 — 原子序数
- Li — 元素符号
- 锂 — 元素名称
- 6.941 — 原子质量

1 IA	2 IIA		3 IIIB	4 IVB	5 VB	6 VIB	7 VIIB	8 VIIIB	9 VIIIB	10 VIIIB	11 IB	12 IIB	13 IIIA	14 IVA	15 VA	16 VIA	17 VIIA	18 VIIIA
1 H 氢 1.00794																		2 He 氦 4.0026
3 Li 锂 6.941	4 Be 铍 9.0122												5 B 硼 10.81	6 C 碳 12.011	7 N 氮 14.0067	8 O 氧 15.9994	9 F 氟 18.9984	10 Ne 氖 20.1798
11 Na 钠 22.9898	12 Mg 镁 24.3051												13 Al 铝 26.9815	14 Si 硅 28.0855	15 P 磷 30.9738	16 S 硫 32.067	17 Cl 氯 35.4528	18 Ar 氩 39.948
19 K 钾 39.0938	20 Ca 钙 40.078		21 Sc 钪 44.9559	22 Ti 钛 47.867	23 V 钒 50.9415	24 Cr 铬 51.9962	25 Mn 锰 54.938	26 Fe 铁 55.845	27 Co 钴 58.9332	28 Ni 镍 58.6934	29 Cu 铜 63.546	30 Zn 锌 65.409	31 Ga 镓 69.723	32 Ge 锗 72.61	33 As 砷 74.9216	34 Se 硒 78.96	35 Br 溴 79.904	36 Kr 氪 83.798
37 Rb 铷 85.4678	38 Sr 锶 87.62		39 Y 钇 88.906	40 Zr 锆 91.224	41 Nb 铌 92.9064	42 Mo 钼 95.94	43 Tc 锝 (98)	44 Ru 钌 101.07	45 Rh 铑 102.9055	46 Pd 钯 106.42	47 Ag 银 107.8682	48 Cd 镉 112.412	49 In 铟 114.818	50 Sn 锡 118.711	51 Sb 锑 121.760	52 Te 碲 127.60	53 I 碘 126.9045	54 Xe 氙 131.29
55 Cs 铯 132.9054	56 Ba 钡 137.328	57-70 ☆	71 Lu 镥 174.967	72 Hf 铪 178.49	73 Ta 钽 180.948	74 W 钨 183.84	75 Re 铼 186.207	76 Os 锇 190.23	77 Ir 铱 192.217	78 Pt 铂 195.08	79 Au 金 196.9655	80 Hg 汞 200.59	81 Tl 铊 204.3833	82 Pb 铅 207.2	83 Bi 铋 208.9804	84 Po 钋 (209)	85 At 砹 (210)	86 Rn 氡 (222)
87 Fr 钫 (223)	88 Ra 镭 (226)	89-102 ★	103 Lr 铹 (260)	104 Kf 钅卢 (261)	105 Db 𨧀 (262)	106 Sg 𨭎 (266)	107 Bh 𨨏 (262)	108 Hs 𨭆 (263)	109 Mt 鿏 (268)	110 Ds 鐽 (271)	111 Rg 錀 (272)	112 Cn 鎶 (277)	113 Uut (278)	114 Fl 鈇 (289)	115 Uup (288)	116 Lv 鉝 (289)	117 Uus	118 Uuo (294)

☆ 镧系元素	57 La 镧 138.9055	58 Ce 铈 140.115	59 Pr 镨 140.908	60 Nd 钕 144.24	61 Pm 钷 (145)	62 Sm 钐 150.36	63 Eu 铕 151.966	64 Gd 钆 157.25	65 Tb 铽 158.9253	66 Dy 镝 162.500	67 Ho 钬 164.9303	68 Er 铒 167.26	69 Tm 铥 168.9342	70 Yb 镱 173.04
★ 锕系元素	89 Ac 锕 (227)	90 Th 钍 232.0381	91 Pa 镤 231.036	92 U 铀 238.0289	93 Np 镎 (237)	94 Pu 钚 (244)	95 Am 镅 243	96 Cm 锔 (247)	97 Bk 锫 (247)	98 Cf 锎 (251)	99 Es 锿 (252)	100 Fm 镄 (257)	101 Md 钔 (258)	102 No 锘 (259)

括号中的数字是大多数稳定同位素的原子质量。

附录二 电子排布

3 Li 锂 $[He]\ 2s^1$	
3	原子序数
Li	元素符号
锂	元素名称
$[He]\ 2s^1$	电子排布

1 IA ns^1	2 ns^2	3 IIIB	4 IVB	5 VB	6 VIB	7 VIIB	8 VIIIB	9 VIIIB	10 VIIIB	11 IB	12 IIB	13 IIIA ns^2np^1	14 IVA ns^2np^2	15 VA ns^2np^3	16 VIA ns^2np^4	17 VIIA ns^2np^5	18 VIIIA ns^2np^6
1 H 氢 $1s^1$																	2 He 氦 $1s^2$
3 Li 锂 $[He]2s^1$	4 Be 铍 $[He]2s^2$											5 B 硼 $[He]2s^22p^1$	6 C 碳 $[He]2s^22p^2$	7 N 氮 $[He]2s^22p^3$	8 O 氧 $[He]2s^22p^4$	9 F 氟 $[He]2s^22p^5$	10 Ne 氖 $[He]2s^22p^6$
11 Na 钠 $[Ne]3s^1$	12 Mg 镁 $[Ne]3s^2$											13 Al 铝 $[Ne]3s^23p^1$	14 Si 硅 $[Ne]3s^23p^2$	15 P 磷 $[Ne]3s^23p^3$	16 S 硫 $[Ne]3s^23p^4$	17 Cl 氯 $[Ne]3s^23p^5$	18 Ar 氩 $[Ne]3s^23p^6$
19 K 钾 $[Ar]4s^1$	20 Ca 钙 $[Ar]\ 4s^2$	21 Sc 钪 $[Ar]4s^23d^1$	22 Ti 钛 $[Ar]4s^23d^2$	23 V 钒 $[Ar]4s^23d^3$	24 Cr 铬 $[Ar]4s^13d^5$	25 Mn 锰 $[Ar]4s^23d^5$	26 Fe 铁 $[Ar]4s^23d^6$	27 Co 钴 $[Ar]4s^23d^7$	28 Ni 镍 $[Ar]4s^23d^8$	29 Cu 铜 $[Ar]4s^13d^{10}$	30 Zn 锌 $[Ar]4s^23d^{10}$	31 Ga 镓 $[Ar]4s^24p^1$	32 Ge 锗 $[Ar]4s^24p^2$	33 As 砷 $[Ar]4s^24p^3$	34 Se 硒 $[Ar]4s^24p^4$	35 Br 溴 $[Ar]4s^24p^5$	36 Kr 氪 $[Ar]4s^24p^6$
37 Rb 铷 $[Kr]5s^1$	38 Sr 锶 $[Kr]5s^2$	39 Y 钇 $[Kr]5s^24d^1$	40 Zr 锆 $[Kr]5s^24d^2$	41 Nb 铌 $[Kr]5s^14d^4$	42 Mo 钼 $[Kr]5s^14d^5$	43 Tc 锝 $[Kr]5s^14d^6$	44 Ru 钌 $[Kr]5s^14d^7$	45 Rh 铑 $[Kr]5s^14d^8$	46 Pd 钯 $[Kr]4d^{10}$	47 Ag 银 $[Kr]5s^14d^{10}$	48 Cd 镉 $[Kr]5s^24d^{10}$	49 In 铟 $[Kr]5s^25p^1$	50 Sn 锡 $[Kr]5s^25p^2$	51 Sb 锑 $[Kr]5s^25p^3$	52 Te 碲 $[Kr]5s^25p^4$	53 I 碘 $[Kr]5s^25p^5$	54 Xe 氙 $[Kr]5s^25p^6$
55 Cs 铯 $[Xe]6s^1$	56 Ba 钡 $[Xe]6s^2$	57-70 ☆ 71 Lu 镥 $[Xe]$ $6s^24f^{14}5d^1$	72 Hf 铪 $[Xe]$ $4f^{14}6s^25d^2$	73 Ta 钽 $[Xe]6s^25d^3$	74 W 钨 $[Xe]6s^25d^4$	75 Re 铼 $[Xe]6s^25d^5$	76 Os 锇 $[Xe]6s^25d^6$	77 Ir 铱 $[Xe]6s^25d^7$	78 Pt 铂 $[Xe]6s^15d^9$	79 Au 金 $[Xe]6s^15d^{10}$	80 Hg 汞 $[Xe]6s^25d^{10}$	81 Tl 铊 $[Xe]6s^26p^1$	82 Pb 铅 $[Xe]6s^26p^2$	83 Bi 铋 $[Xe]6s^26p^3$	84 Po 钋 $[Xe]6s^26p^4$	85 At 砹 $[Xe]6s^26p^5$	86 Rn 氡 $[Xe]6s^26p^6$
87 Fr 钫 $[Rn]7s^1$	88 Ra 镭 $[Rn]7s^2$	89-102 ★ 103 Lr 铹 $[Rn]$ $7s^25f^{14}6d^1$	104 Kf 𬬻 $[Rn]7s^26d^2$	105 Db 𬭊 $[Rn]7s^26d^3$	106 Sg 𬭳 $[Rn]7s^26d^4$	107 Bh 𬭛 $[Rn]7s^26d^5$	108 Hs 𬭶 $[Rn]7s^26d^6$	109 Mt 鿏 $[Rn]7s^26d^7$	110 Ds 𫟼 $[Rn]7s^16d^9$	111 Rg 𬬭 $[Rn]7s^16d^{10}$	112 Cn 鿔 $[Rn]7s^26d^{10}$	113 Uut	114 Fl 铁	115 Uup	116 Lv 𫟷	117 Uus	118 Uuo

	1	2	3	4	5	6	7	8	9	10	11	12	13	14
☆ 镧系元素	57 La 镧 $[Xe]$ $6s^25d^1$	58 Ce 铈 $[Xe]$ $6s^24f^15d^1$	59 Pr 镨 $[Xe]$ $6s^24f^35d^0$	60 Nd 钕 $[Xe]$ $6s^24f^45d^0$	61 Pm 钷 $[Xe]$ $6s^24f^55d^0$	62 Sm 钐 $[Xe]$ $6s^24f^65d^0$	63 Eu 铕 $[Xe]$ $6s^24f^75d^0$	64 Gd 钆 $[Xe]$ $6s^24f^75d^1$	65 Tb 铽 $[Xe]$ $6s^24f^95d^0$	66 Dy 镝 $[Xe]$ $6s^24f^{10}5d^0$	67 Ho 钬 $[Xe]$ $6s^24f^{11}5d^0$	68 Er 铒 $[Xe]$ $6s^24f^{12}5d^0$	69 Tm 铥 $[Xe]$ $6s^24f^{13}5d^0$	70 Yb 镱 $[Xe]$ $6s^24f^{14}5d^0$
★ 锕系元素	89 Ac 锕 $[Rn]7s^26d^1$	90 Th 钍 $[Rn]$ $7s^25f^06d^2$	91 Pa 镤 $[Rn]$ $7s^25f^26d^1$	92 U 铀 $[Rn]$ $7s^25f^36d^1$	93 Np 镎 $[Rn]$ $7s^25f^46d^1$	94 Pu 钚 $[Rn]$ $7s^25f^66d^0$	95 Am 镅 $[Rn]$ $7s^25f^76d^0$	96 Cm 锔 $[Rn]$ $7s^25f^76d^1$	97 Bk 锫 $[Rn]$ $7s^25f^96d^0$	98 Cf 锎 $[Rn]$ $7s^25f^{10}6d^0$	99 Es 锿 $[Rn]$ $7s^25f^{11}6d^0$	100 Fm 镄 $[Rn]$ $7s^25f^{12}6d^0$	101 Md 钔 $[Rn]$ $7s^25f^{13}6d^0$	102 No 锘 $[Rn]$ $7s^25f^{14}6d^1$

附录三　原子质量表

元素	符号	原子序数	原子质量	元素	符号	原子序数	原子质量
锕	Ac	89	(227)	镝	Dy	66	162.5
铝	Al	13	26.9815	锿	Es	99	(252)
镅	Am	95	243	铒	Er	68	167.26
锑	Sb	51	121.76	铕	Eu	63	151.966
氩	Ar	18	39.948	镄	Fm	100	(257)
砷	As	33	74.9216	氟	F	9	18.9984
砹	At	85	(210)	钫	Fr	87	(223)
钡	Ba	56	137.328	钆	Gd	64	157.25
锫	Bk	97	(247)	镓	Ga	31	69.723
铍	Be	4	9.0122	锗	Ge	32	72.61
铋	Bi	83	208.9804	金	Au	79	196.9655
铍	Bh	107	(262)	铪	Hf	72	178.49
硼	B	5	10.81	𬭶	Hs	108	(263)
溴	Br	35	79.904	氦	He	2	4.0026
镉	Cd	48	112.412	钬	Ho	67	164.9303
钙	Ca	20	40.078	氢	H	1	1.00794
锎	Cf	98	(251)	铟	In	49	114.818
碳	C	6	12.011	碘	I	53	126.9045
铈	Ce	58	140.115	铱	Ir	77	192.217
铯	Cs	55	132.9054	铁	Fe	26	55.845
氯	Cl	17	35.4528	氪	Kr	36	83.798
铬	Cr	24	51.9962	镧	La	57	138.9055
钴	Co	27	58.9332	铹	Lr	103	(260)
铜	Cu	29	63.546	铅	Pb	82	207.2
锔	Cm	96	(247)	锂	Li	3	6.941
𫟼	Ds	110	(271)	镥	Lu	71	174.967
𬭊	Db	105	(262)	镁	Mg	12	24.3051

（续表）

元素	符号	原子序数	原子质量	元素	符号	原子序数	原子质量
锰	Mn	25	54.938	钌	Ru	44	101.07
鿏	Mt	109	(268)	铲	Rf	104	(261)
钔	Md	101	(258)	钐	Sm	62	150.36
汞	Hg	80	200.59	钪	Sc	21	44.9559
钼	Mo	42	95.94	𬭳	Sg	106	(266)
钕	Nd	60	144.24	硒	Se	34	78.96
氖	Ne	10	20.1798	硅	Si	14	28.0855
镎	Np	93	(237)	银	Ag	47	107.8682
镍	Ni	28	58.6934	钠	Na	11	22.9898
铌	Nb	41	92.9064	锶	Sr	38	87.62
氮	N	7	14.0067	硫	S	16	32.067
锘	No	102	(259)	钽	Ta	73	180.948
锇	Os	76	190.23	锝	Tc	43	(98)
氧	O	8	15.9994	碲	Te	52	127.6
钯	Pd	46	106.42	铽	Tb	65	158.9253
磷	P	15	30.9738	铊	Tl	81	204.3833
铂	Pt	78	195.08	钍	Th	90	232.0381
钚	Pu	94	(244)	铥	Tm	69	168.9342
钋	Po	84	(209)	锡	Sn	50	118.711
钾	K	19	39.0938	钛	Ti	22	47.867
镨	Pr	59	140.908	钨	W	74	183.84
钷	Pm	61	(145)	鿔	Cn	112	(277)
镤	Pa	91	231.036	铀	U	92	238.0289
镭	Ra	88	(226)	钒	V	23	50.9415
氡	Rn	86	(222)	氙	Xe	54	131.29
铼	Re	75	186.207	镱	Yb	70	173.04
铑	Rh	45	102.9055	钇	Y	39	88.906
轮	Rg	111	(272)	锌	Zn	30	65.409
铷	Rb	37	85.4678	锆	Zr	40	91.224

附录四 术语定义

酸雨 雨水或任何其他形式的强酸性降水，由化石燃料（尤其是煤炭）燃烧释放出的硫和氮化合物形成。

加成反应 原子加入反应物的反应，通常是加在碳–碳双键或三键处。

醇类 含有羟基的化合物。

烷烃 只有单键的碳氢化合物。

烯烃 含有一个或多个双键的碳氢化合物。

炔烃 含有一个或多个三键的碳氢化合物。

同素异形体 自然形成的元素的不同物理形式。

胺类 胺基官能团。

氨基酸 蛋白质的组成部分。

芳香族化合物 碳原子形成的含双键的环状化合物。

大气 围绕行星并因重力保持在适当位置的气体层。

原子质量 原子核中质子和中子的总数，也叫原子量。

原子序数 原子核中的质子数。

原子量 原子核中质子和中子的总数，也叫原子质量。

原子 所有物质的基础，具有元素特征的元素的最小单位。

生物分子 生物中发现的分子。

生物圈 地球上包含生物的部分，包括大气、海洋和陆地所有可居住的部分。

巴克敏斯特富勒烯/巴克球 富勒烯最简单的形式，像一个微型足球，由60个碳原子黏结而成。

碳水化合物 一大类生物分子，包括糖、淀粉、纤维素和糖原等多种化合物。

碳 原子序数为6的非金属元素，地球生命的基本要素。

碳化学 有机化学。

碳循环 碳通过大气、陆地、海洋和生物在地球上循环。

碳汇 长期储存碳的地方，海洋就是碳汇的一个例子。

碳源 形成新型碳的物质。

羰基 由一个碳原子和一个氧原子通过双键构成，存在于不同类型的官能团中。

羧基 在有机酸（羧酸）和氨基酸中发现的官能团（COOH）。

化学键 原子间的吸引力，包括电子的共享、丢失或获得，将化合物的原子结合在一起。

化学方程式 表示化学反应的反应物和生成物及其相对量的简写形式。

化学性质 决定一种物质是否能发生、在何种条件下发生特殊化学反应的性质。

化学反应 将一种或多种化学物质转变成其他物质的过程。

化学符号 分配给每个元素的唯一一个或两个字母的符号。

氟氯烃（CFCs） 含有氯和氟，与大气中的臭氧层发生反应并破坏臭氧层的碳化合物。

气候 天气的长期模式。

化合物 由两个或两个以上元素的原子化合而成的物质。

衰败 放射性原子的原子核释放能量和（或）粒子产生另一种元素的原子的过程。

分解者 分解生物残骸，将碳和其他元素返还到环境中的细菌、真菌和其他土壤生物。

分解作用 腐烂或分解生物的残骸。

脱氧核糖核酸（DNA） 含有生物体遗传信息的核苷酸聚合体。

消化 将食物分解成可进入人体细胞的小分子的过程。

双键 两个原子共用两对电子形成的键。

电子 在原子核周围发现的带负电荷的粒子。

元素 不能通过常规化学方法分解为较简单物质的一类物质。

消除反应 从相邻的碳原子中消除原子，在碳原子间形成双键的反应。

酯 一种官能团。

脂肪 由甘油和脂肪酸组成的物质，包括固态的动物脂肪和液态的植物油。

化石燃料 如煤炭、石油和天然气，均由动植物的遗骸在长时间的高温高压下形成。

燃料 所有能燃烧的东西。

富勒烯 碳的同素异形体，由碳原子以球状或管状连接而成。

官能团 给予分子独特性质的原子或原子团。

基因 携带蛋白质合成信息的遗传物质的单位。

遗传密码 世代相传的遗传信息，按DNA中的含氮碱基排序，控制生物体中蛋白质的合成。

吉吨 一种单位，相当于1 072吨，通常用来衡量地球上的碳和二氧化碳。

全球变暖 地球表面的全球性温度上升。

温室气体 造成温室效应的气体，包括二氧化碳、甲烷和水蒸气等。温室效应是指大气中的气体在地球表面附近聚集热量，导致地表温度上升。

半衰期（Half-life） 放射性样本中半数原子衰变所需的时间。

混合动力汽车　使用两种动力源——传统的化石燃料发动机和储存电能的电池的汽车。

碳氢化合物　任何仅由碳原子和氢原子组成的化合物。

冰河时代　地球历史上大部分地区被冰覆盖的时期。

冰芯　一管冰，通常被从冰川或冰原上钻出，常用于气候研究。

无机碳　来自非生物的碳。

无机化学　关于无生命体中的物质和化合物（如岩石和矿物）的化学。

间冰期　冰河时代之间地球相对温暖的时期。

离子　失去或获得一个或多个电子从而具有电荷的原子。

同位素　同一元素的不同原子，其原子核中的中子数不同。

脂类　包括油脂在内的生物分子类别。所有的脂质都不溶于水和类似的物质。

分子　化合物的最小单位，其化学成分与化合物的比例相同。

纳米技术　研究尺寸非常小的材料（通常短于1微米）的科学。

中子　在原子核中发现的电中性粒子。

非金属　表现出如下特性的元素，包括导电性能差，外观暗淡，易碎，熔点和沸点通常相对较低。

核酸 DNA和RNA。DNA携带遗传信息，而RNA将这一信息从细胞核传递到蛋白质合成位点。

核苷酸 DNA的组成部分。每个核苷酸由一个磷酸盐、一个糖和一个含氮碱基组成。

原子核 原子中包含质子和中子的稠密的中心部分，细胞的控制中心，包含DNA。

有机化学 关于碳及其化合物的化学。

臭氧层空洞 大气中臭氧分子被减少的一层，在阻挡太阳有害射线方面无法发挥应有的作用。

元素周期表 按原子序数的增加顺序和特征排列的包含所有元素的图表。

酸碱度 酸的量度——氢离子浓度。

光合作用 含有叶绿素的植物和其他有机体利用来自阳光的二氧化碳、水和能量合成碳水化合物的过程。氧作为副产品被释放出来。

物理性质 无需化学变化即可直接观察或测量的物质的性质。

塑料 通过加热各种碳氢化合物制成的聚合物。

聚酯 由特定类型的碳基聚合物制成的纤维。

聚合物 由重复的小单位连接而成的化学链。

生成物 化学反应产生的新物质。

蛋白质 由氨基酸组成的一大类生物分子。酶和许多激素是蛋白质，皮肤、头发和指甲的一部分也是蛋白质。

质子 原子核内带正电荷的粒子。

放射性碳定年法 利用放射性同位素碳-14的相对丰度来确定生物遗骸或产物年代的过程。可用于检测最早约6万年前的物质。

反应物 化学反应开始时的物质。

可再生能源 不消耗任何资源的能源，如风能、波浪能、潮汐能或太阳能，也不会造成污染。

呼吸作用 生物体为获取能量而分解营养物质的过程。反应需要氧气，产生二氧化碳和水。

核糖核酸（RNA） 在细胞内发现的一种分子，它携带DNA中的蛋白质合成信息到其他细胞部位。

单键 由两个原子共用一对电子而形成的键。

取代反应 两个反应物交换其部分（原子或原子团），形成一种新物质的反应。

特氟龙 该化合物的商标名称为聚四氟乙烯或PTFE。

三键 两个原子共享的三对电子。

天气 地球表面迅速变化的环境，包括温度、降水、云量和风。

风化作用 风、水和化学物质作用下造成的地表岩石的分解。

关于作者

坦率地说，有机化学从来都不是自由科学作家克丽丝塔·韦斯特（Krista West）最喜欢的话题，这个领域很难。但是为了学习她的第一爱好——生物学，克丽丝塔必须学习一些正经的化学知识。当她了解到原子内部的部分行为有助于决定像狮子和树叶这样的大物体的行为时，她就被迷住了。克丽丝塔在美国阿拉斯加州费尔班克斯的家中为年轻人撰写化学、生物和地球科学的书籍。她拥有华盛顿大学动物学学士学位和哥伦比亚大学地球科学和新闻学硕士学位。